深部巷道围岩稳定性监测物理模拟实验方法

杨晓杰　侯定贵　陶志刚　王嘉敏　著

科学出版社

北　京

内 容 简 介

本书分两部分系统介绍深部巷道围岩稳定性监测物理模拟实验方法。包括物理相似材料实验的基本概念、实验传感器与实验测量技术及实验数据处理方法、离散元数值实验方法；深部层状巷道围岩稳定性监测预警实验实例，相似实验模型的搭建、实验数据的采集与处理、数值模型的建立与结果分析等。

本书可作为高等院校土木工程、矿业工程、交通工程等领域的本科生和研究生深部地下工程物理模拟实验方法的基础教材，也可供相关领域的科研人员阅读参考。

图书在版编目(CIP)数据

深部巷道围岩稳定性监测物理模拟实验方法/杨晓杰等著.—北京：科学出版社，2021.6

ISBN 978-7-03-047048-5

Ⅰ. ①深… Ⅱ. ①杨… Ⅲ. ①巷道围岩－围岩稳定性－监测－物理模拟－模拟实验－实验方法 Ⅳ. ①TD325-33

中国版本图书馆CIP数据核字(2018)第034410号

责任编辑：李 雪 / 责任校对：王萌萌
责任印制：吴兆东 / 封面设计：无极书装

科学出版社 出版
北京东黄城根北街16号
邮政编码: 100717
http://www.sciencep.com
北京捷迅佳彩印刷有限公司 印刷
科学出版社发行 各地新华书店经销
*
2021年6月第 一 版 开本：720×1000 1/16
2021年6月第一次印刷 印张：10 1/2
字数：207 000

定价：99.00 元

前　言

层状岩体是煤矿开采中常见的岩体，随着煤炭资源开采逐步向深部发展，深部层状岩体巷道围岩破坏程度与支护难度不断增大，深部层状岩体巷道围岩稳定性控制与监测已成为采矿与岩石力学领域的一大难题。深部层状岩体巷道围岩处于复杂的力学环境中，其力学响应表现出与应力状态、应力路径及时间、空间变化密切相关的特点。因此，仅用理论分析或数值模拟方法对其进行变形破坏及稳定性监测研究是困难的，深部层状岩体巷道围岩变形破坏的复杂性决定了采用物理模型方法的必要性和重要性。

作者经过二十余年的深部岩体力学与灾害控制理论教学与科研实践，在深部层状岩体巷道围岩变形破坏物理模型实验方面积累了一定的经验和应用技巧。本书为了让学生快速熟悉并掌握深部巷道工程及类似地下工程物理模拟实验技能，详细介绍了模拟实验的实验设计与数据处理过程，在此基础上进行了数值实验研究，并列举了研究成果的应用实例，以期使学生能在较短时间具备运用物理与数值实验方法分析和解决问题的能力。

本书共分 9 章，各章节编写工作分工为：第 1 章由杨晓杰执笔，第 2 章、第 5 章、第 7～9 章由侯定贵执笔，第 6 章由陶志刚执笔，第 3 章、第 4 章由王嘉敏执笔。全书由杨晓杰和侯定贵统稿，并负责全书终审。

本书在策划和编写过程中，得到了深部岩土力学与地下工程国家重点实验室何满潮院士的指导和帮助，在此表示衷心的感谢。

本书在编写过程中参阅了许多专家、学者的著作和文献，在此一并致谢。

本书的出版得到了国家自然科学基金项目(No.41672347)的资助，在此表示感谢。

由于作者水平有限，书中不妥之处，恳请专家、学者不吝批评和赐教！

作　者

2020 年 12 月

目　　录

第1章　绪　　论

岩土问题实验研究方法有物理模拟实验方法与数值模拟方法。物理模拟实验是将现场实际的缩放模型置于实验体内，以相似理论为基础，在满足基本相似条件下，通过在模型上的实验所获得的某些量之间的规律再回推到原型上，从而获得对原型规律的认识，以此模拟真实实验过程主要特征的实验方法。数值模拟方法是依靠电子计算机通过数值计算和图像显示的方法，达到对工程问题与物理问题进行研究的目的。深部岩体有极其复杂的构造特征与结构特点，物理模拟实验结合数值模拟方法可较全面、准确地发现一些新的力学现象和规律，为建立新的理论和数学模型提供依据。

1.1　物理模拟实验方法概述

物理模拟实验按模型加载和模型材料分为相似材料模拟实验、原型材料模拟实验、离心模拟实验和底摩擦模拟实验四类；按模型的空间形态和受力状态分为立体模型、平面应变模型和平面应力模型三种；按相似条件分为单因素模型和多因素模型；按实验目的分为水工结构模型、土工结构模型和矿山模型三类。

1.1.1　相似理论与模拟实验

相似理论是说明自然界和工程中各种相似现象具有相似原理的学说。它的理论基础是关于相似的三个定理。

以相似理论为指导，一百多年来人们在探索自然规律的过程中，已形成具体研究自然界和工程中各种自然现象的新方法，即所谓的“相似方法”。1829 年柯西对振动的梁和板的研究，1869 年雷诺对管中液体的流动的研究，以及 1903 年莱特兄弟对飞机机翼的实验研究，都是用相似方法解决问题的早期实例。

可以给“相似方法”下这样的定义：“相似方法是一种可以把个别现象的研究成果推广到所有相似现象上去的科学方法。”因此，不难反过来理解，相似方法同时也是现象模拟方法的基础。

这里谈到了“模拟”。所谓模拟，一般情况下是指在实验室条件下，用缩小的(特殊情况下也有放大的)模型来进行现象的研究。这样引申出“模拟实验”的概念。模拟实验是相似方法的重要内容，在近代科学研究和设计工作中起着十分重要的作用。

模型是与物理系统密切相关的装置，通过对它的观察或实验，可以在需要的方面精确地预测物理系统的功能。这个被预测的物理系统通常被称为“原型”。为了利用一个模型，当然有必要使模型和原型之间满足某种关系。这种关系通常被称为模型设计条件或系统的相似性要求。

由此可见，相似理论与模拟实验的关系是非常密切的，是整个问题的两个组成部分。在人类长期、广泛的实践活动中，二者常常相辅相成、相得益彰，促进了岩土工程学科的发展。

1.1.2 相似三定理

相似理论的理论基础是相似三定理。相似三定理的实用意义在于指导模拟实验的设计及其有关实验数据的处理和推广，并在特定情况下，根据经过处理的数据，提供建立微分方程的指示。对于一些复杂的物理现象，相似理论还进一步帮助人们科学而简捷地建立一些经验性的指导方程。工程上的许多经验公式，都是由此而来的。

相似的概念最初产生在几何学中，当两个不同的物体其对应部分的比值等于同一个数时可称为相似。在物理过程中如果系统的几何相似、应力、密度等条件也相似，那么这两个物理过程可称为物理相似。

性质不同的物理现象，当其数学方程相同时称为数学相似(或异类相似)。

相似理论的基础是相似三定理，其表述如下。

第一定理：相似的物理现象，当其单值条件相似时，其相似准则数值相同。

第二定理：相似现象的物理方程均可变成准则方程，现象相似，其方程相同，相似第二定理常称为 π 定理。

第三定理：相似的物理现象满足单值条件相似，同时相似准则的数值相等，那么物理现象就是相似的。

通过上述表述可知，相似现象所具备的性质及条件由第一定理与第二定理明确，第三定理为相似现象的充分条件。

单值条件的定义为将某个现象从同类的现象中区别开来的条件，一般包括边界条件、物理条件、初始条件、几何条件、时间条件等。

当两个物理现象相似时必须满足单值条件相似，同时单值条件组成的相似准数相等。

1.1.3　相似准则的导出方法

相似准则或相似准数，亦可称为相似判据，即相似系统的对应点与对应时刻的相似准数相等，可作为判别是否相似的根据。

在物理模拟实验中求得相似准则是实验的重中之重，作为第二定理的补充，必须找到相似准则的导出方法。求相似准则的方法有多种，包括定律分析法、方程分析法和量纲分析法。从理论上说，三种方法可以得出同样的结果，只是用不同的方法来对物理现象(或过程)作数学上的描述。

1. 定律分析法

这种方法要求人们对所研究的现象充分运用已经掌握的全部物理定律，并能辨别其主次。一旦这个要求得到满足，解决问题并不困难，而且还能获得数量足够的、反映现象实质的 π 项。这种方法的缺点如下。

(1) 流于就事论事，看不出现象的变化过程和内在联系，缺乏典型意义。

(2) 必须找出全部的物理定律，所以对于未能全部掌握其机理的、较为复杂的物理现象，难以运用此种方法。

(3) 会有一些物理定律，表面上关系不密切，但又不能轻易剔除，必须通过实验找出其关系，决定哪个定律对问题来说较为重要，因此给解决问题带来不便。

2. 方程分析法

这里所说的方程，主要是指数理方程。这种方法的优点如下。

(1) 结构严密，能反映对现象来说最为本质的物理定律，解决问题时结论可靠。

(2) 分析过程程序明确，分析步骤易于检查。

(3) 各种成分的地位一览无余，有利于推断、比较和校验。

同时，在应用此方法时也要考虑到在方程处于建立阶段时需要对想象机理有深入的了解，在有了方程以后，由于运算上的困难，并非任何时候都能找到它的完整解，或者只能在一定假设条件下找出它的近似解，从而在某种程度上失去了它原来的意义。

3. 量纲分析法

量纲分析法是在研究现象相似问题的过程中，对各种物理量纲进行考察时产生的。它的理论基础是关于量纲齐次的方程的数学理论。一般来说，用于说明物理量的方程，都是齐次的，这也是π定理得以通过量纲分析导出的基础。但π定理一经导出，便不再局限于带有方程的物理现象。这是根据正确选定的参量，通过量纲分析法考察其量纲，渴求π定理一致的函数关系式，并据此进行相似现象的推广。量纲分析法的这个优点，对于一切机理尚未彻底弄清，规律也未充分掌握的复杂现象来说，尤其明显。它能帮助人们快速地通过相似实验核定所选参量的正确性，并在此基础上不断深化人们对现象机理和规律的认识。

以上三种方法中，方程分析法与量纲分析法使用较为广泛，其中又以量纲分析法使用最为广泛。量纲分析法是解决近代工程技术问题的重要手段之一，它和方程分析法比较，凡是能用量纲分析法的地方，未必能用方程分析法，而在能用方程分析法的地方必定能用量纲分析法。定律分析法也在多数情况下得到采用，并且有时还很方便。在相似分析中，并不排除将各种方法结合使用的可能性。

1.2 数值模拟方法概述

近几十年来，随着计算机应用的发展，数值模拟方法在岩土工程问题分析中迅速得到了广泛应用，大大推动了岩土力学的发展。在岩土力学中所用的数值模拟方法主要有以下几种：有限元法、有限差分法、边界元法、无界元法、离散元法、刚体节理元法和流形元法等。

1.2.1 有限元法

有限元法出现于20世纪50年代，它基于最小总势能变分原理，能方便地处理各种非线性问题，能灵活地模拟岩土工程中复杂的施工过程，是目前工程技术领域中实用性最强、应用最为广泛的数值模拟方法。目前国际上比较著名的通用有限元程序有Abaqus、ANSYS、ADINA等。有限元法的不足之处是，需形成总体刚度矩阵，常常需要巨大的存储容量；由于相邻界面上只能位移协调，对于奇异性问题(如应力出现间断的问题)的处理比较麻烦。

1.2.2 有限差分法

有限差分法是一种比较古老且应用较广的一种数值模拟方法。它的基本思想是将待解决问题的基本方程和边界条件近似地用差分方程来表示，这样就把求解微分方程的问题转化为求解代数方程的问题，即它将实际的物理过程在时间和空间上离散，分解成有限数量的有限差分量，近似假设这些差分量足够小，以致在差分量的变化范围内物体的性能和物理过程都是均匀的，并且可以用来描述物理现象的定律，只是在差分量之间发生阶跃式变化。有限差分法的原理是将实际连续的物理过程离散化，近似地置换成一连串的阶跃过程，用函数在一些特定点将微商替代为有限差商，建立与原微分方程相应的差分方程，从而将微分方程转化为一组代数方程，通常采用“显式”时间步进方法来求解代数方程组。

有限差分法原理简单，可以处理一些相对复杂的问题，应用范围很广。著名的 FLAC 和 $FLAC^{3D}$ 软件就是基于有限差分的原理开发的，目前，该软件已成为岩土工程、采矿工程等领域应用最广的数值模拟软件之一。

1.2.3 边界元法

边界元法出现在 20 世纪 60 年代，是一种求解边值问题的数值方法。它是以贝蒂(Betti)互等定理为基础，有直接边界元法与间接边界元法两种。直接边界元法是以互等定理为基础建立起来的，而间接边界元法是以叠加原理为基础建立起来的。

边界元法的原理是把边值问题归结为求解边界积分方程的问题，在边界上划分单元，求边界积分方程的数值解，进而求出区域内任意点的场变量，故又称为边界积分方程法。边界元法只需对边界进行离散和积分，与有限元法相比，具有降低维数、输入数据较简单、计算工作量少、精度高等优点。比较适合于无限域或半无限域问题的求解，尤其是等效均质围岩地下工程问题。边界元法的基本解本身就有奇异性，可以比较方便地处理所谓的奇异性问题，所以目前边界元法得到了研究人员的青睐。

目前有研究人员将边界元法和有限元法进行耦合，以求更简便地解决一些复杂的岩土工程问题。边界元法的主要缺点是，对于多种介质构成的计算区域，未知数将会有明显增加；当进行非线性或弹塑性分析时，为调整内部不平衡力，需在计算域内剖分单元，这时边界元法就不如有限元法灵活自如。

1.2.4 无界元法

无界元法是 Bettess 于 1977 年提出来的，用于解决用有限元法求解无限域问题时常会遇到的“计算范围和边界条件不易确定”的问题，是有限元法的推广。其基本思想是适当地选取形函数和位移函数，使得当局部坐标趋近于 1 时，整体坐标趋近于无穷大而位移为零，从而满足计算范围无限大和无限远处位移为零的条件。它与有限元法等数值模拟方法耦合对于解决岩土力学问题也是一种有效方法。

上述介绍的几种数值模拟方法都是针对连续介质的，只能获得某一荷载或边界条件下的稳定解。对于具有明显塑性应变软化特性和剪切膨胀特性的岩体，就无法对其大变形过程中所表现出来的几何非线性和物理非线性进行模拟。这就使得研究人员去探索和寻求适合模拟节理岩体运动变形特性的有效数值模拟方法，即基于非连续介质力学的方法，主要有离散元法、刚体节理元法、非连续变形分析法等。

1.2.5 离散元法

离散元法(discreteldistinct elecment method，DEM)是 Cundall 于 1971 年提出来的一种非连续介质数值模拟方法。它既能模拟块体受力后的运动，又能模拟块体本身受力的变形状态，其基本原理是建立在最基本的牛顿第二运动定律之上的。离散元法的基本思想，最早可以追溯到古老的超静定结构的分析方法上，任何一个块体作为脱离体来分析，都会受到相邻单元对它的力和力矩的作用。以每个单元刚体运动方程为基础，建立描述整个系统运动的显式方程组之后，根据牛顿第二运动定律和相应的本构模型，以动力松弛法进行迭代计算，结合 CAD 技术，可以形象、直观地反映岩体运动变化的力场、位移场、速度场等各种力学参数的变化。离散元法是一种很有潜力的数值模拟方法，其主要优点是适于模拟节理系统或离散颗粒组合体在准静态或动态条件下的变形过程。

1.2.6 刚体节理元法

刚体节理元法是 Asai 在 1981 年提出的，它是在 Cundall 刚体离散元间夹有古德曼(Goodman)节理单元的组合单元，但此节理单元有一定的厚度而使离散元间不能“叠合”。刚体节理元法也可考虑不含节理单元的情况，即所谓的单一三角形刚体元非连续变形分析法，是石根华和古德曼于 1984 年首次提出的一种新型数值模拟方法，至 1988 年该方法已形成了一种较为完整的数值模拟方法体系。

非连续变形分析(discontinuous deformation analysis，DDA)法以严格遵循经典力学规则为基础，是一种平行于有限元法的数值模拟方法。该方法用位移作为未知数，求解平衡方程式时用的方法与有限元法中的结构矩阵分析相同，但非连续变形分析的块体刚度矩阵比有限元法分析中的单元刚度矩阵简单。非连续变形分析可以用来分析块体系统力和位移的相互作用，对各个块体，允许有位移、变形和应变；对整个块体系统，允许滑动和块体界面间张开和闭合。虽然它对非连续块体系统的分析只是初步的，但它是以严格遵循经典力学规则为基础的。

1.2.7　流形元法

流形元法是由石根华等于 1992 年提出的一种新的数值模拟方法。流形元法的原理是以拓扑学中的拓扑流形和微分流形为基础，在分析域内建立可相互重叠、相交的数学覆盖和覆盖材料全域的物理覆盖，在每一物理覆盖上建立独立的位移函数，将所有物理覆盖上的独立覆盖函数加权求和，即可得到总体位移函数。然后，根据总势能最小原理，建立可以用于处理包括非连续和连续介质的耦合问题、小变形、大变形等多种问题。它是一种具有一般形式的通用数值模拟方法，在某种意义上讲，有限元法和非连续变形分析法都可看作是数值模拟方法的特例。

1.3　巷道围岩稳定性监测技术简介

巷道围岩稳定性监测是矿井安全监控系统的重要组成部分。根据巷道围岩状态的监测信息分类，目前主要包括巷道围岩位移监测、微地震监测、电磁辐射监测、地质雷达探测、锚杆受力监测等技术。

1.3.1　位移监测

表面收敛与深部位移监测是巷道围岩位移监测的主要手段。通过动态仪或测杆观测巷道顶板的位移量，使用围岩收敛仪或钢尺观测巷道两帮的位移量，经监测结果的分析评价巷道围岩的收敛率与稳定性。围岩深部变形与破裂监测多以监测顶板离层为主，目前顶板离层监测已从机械式监测仪发展到光栅位移实时监测和基于电磁信号与位移转化离层遥测的预警系统。

1.3.2　微地震监测

深部巷道围岩随着岩体破裂、裂隙扩张释放能量，其会以声波、电磁波形式释放。经研究发现巷道岩爆、顶板突水及煤与瓦斯突出等灾害与微地震现象有必然的联系。国内外微地震监测技术可分为三类：第一类定位精度为100～500m，以监测地震为主；第二类定位精度为5～10m，主要用来监测工作面周围围岩的震动；第三类监测技术也称为地音系统，以监测巷道围岩岩层破裂为主。

1.3.3　电磁辐射监测

研究表明煤岩体在受载变形破坏过程中，煤岩体内带电粒子(如电子等)会发生变速运动，由此会辐射电磁波，这称为电磁辐射现象。苏联和我国较早开展岩石电磁辐射研究。研究表明，在煤岩体变形破裂过程中电磁辐射信号基本呈现逐渐增强的趋势，这对煤岩动力灾害预测预报有重要的意义。

1.3.4　锚杆受力监测

锚杆受力监测可以对巷道围岩稳定性起到提前预测的作用，监测数据还对支护参数的优化、锚杆支护质量的检测有重要作用。例如，通过对巷道支护结构锚杆、锚索的实时监测，获得其支护轴力数据，进行支护参数的优化设计。

1.3.5　多方法集成监测

一些专家集成了多种监测方法对巷道围岩稳定性进行监测，如集成位移、应力与微地震监测的综合监测系统进行地下开采煤矿的监测。同时，我国的煤矿监控系统研究经过引进、仿制和自主研发三个发展时期，近年来已得到很大发展。

1.4　小结与讨论

深部岩体有极其复杂的构造特征与结构特点，至今也无法对其本构关系做精确的描述，如考虑工程结构的问题，深部岩体问题就会变得越加复杂。在相似理论的基础上，建立地质力学模型进行巷道围岩的变形破坏机理、支护机理和支护效果等研究，可以较真实与全面地模拟复杂地质构造，通过实验结果的分析发现一些新的力学现象和规律，为建立新的理论和数学模型提供依据。因此对深部巷道围岩失稳物理模拟实验的研究集中在采用相似理论建立地质力学模型方面。

在物理模拟实验中探测手段是多种多样的，接触式监测技术(如应变片、压力盒、位移计等)已在实验室与工程现场大规模应用。接触式测量仪器在模型变形破坏过程中容易受到岩石的影响，而对小型试件进行扫描难以反映真实的物理变化。

除接触式监测设备之外，物理模拟实验中还大量采用非接触式监测设备进行变形破坏的监测。

(1)激光扫描与摄影测量是在巷道围岩监测中广泛使用的两种非接触式成像技术。此两种技术在保证高精度特征点监测的同时可获得监测面的整体变形和位移。

(2)声发射(AE)技术也是一种有效的非接触性监测手段，它通过微震源来监测岩石损伤并可形成空间分布，目前已在物理模拟实验中实现岩石损伤区的可视化。

(3)非接触式探测技术还包括红外热成像技术，它通过探测电磁波内的红外线波段然后将其转化为实时热成像。红外热成像反映了岩石对热力耦合的响应。不同于其他非接触式技术，红外热成像技术不需要辅助照明。通过合适的算法，红外热成像处理之后可以探测裂纹扩展之类的几何特征，还能探测岩体的静态摩擦。

(4)数字图像相关技术又称数字图像散斑相关技术，通过匹配被测物体表面的散斑点、跟踪点的运动从而获得物体表面变形信息，是一种非接触式监测技术，其可以进行不同尺度的试件测量。

同时，岩体是一种复杂的介质，应用数值模拟方法可以考虑其各向异性、复杂的边界条件、不连续及随时间变化特性，因此数值模拟方法日益广泛地应用于地下岩土工程分析的各个方面。目前应用于巷道围岩稳定性问题分析的有有限元法、有限差分法、离散元法与非连续变形分析法。

1)有限元法

有限元法在巷道围岩稳定性分析及支护研究中应用较为广泛。例如，采用三维有限元法分析长壁开采巷道在不同加载条件下的稳定性问题；运用有限元法对巷道支护前后的变形与破坏进行模拟研究及对巷道埋深对层裂结构的形成进行数值模拟。

2) 有限差分法

基于有限差分法的 FLAC 系列软件控制微分方程通过显式有限差分法求解，同时应用了混合单元离散模型，在进行材料的大变形分析、弹塑性分析、施工过程分析方面具有独特的优势，在巷道围岩稳定性分析中得到了广泛应用。可利用有限差分软件分析崩落法开采问题，进行长壁采区顺槽巷道顶板支护设计方法方面的研究，还可进行巷道围岩流变数值模拟研究。

3) 离散元法

相较于有限元法，离散元法可以较好地表征岩体几何非连续性特征，便于进行岩体节理的张开、不连续块体的运动等大变形与大位移问题的模拟，能较好地反映深部巷道围岩的破坏过程。离散元法可较方便地对节理化巷道进行数值模拟分析。

4) 非连续变形分析法

此方法是为了进行岩体的不连续结构面的数值模拟而由石根华提出的。DDA 法满足弹性理论基本方程，同时又可以计算模拟出岩体变形的非连续性特点，DDA 法具有有限元法的理论严密性，更具备离散元法的计算块体大位移的特点。DDA 法可进行巷道围岩的稳定性分析，进行不同支护条件下围岩的变形、垮落情况的数值模拟，还可对沿空巷道围岩的变形破坏与支护加固机制进行研究。

第 2 章　相似材料模拟实验

2.1　相 似 理 论

2.1.1　相似及相似条件

1. 相似的概念

如果表征一个系统中的物理现象的全部量(如线性尺寸、力、位移等)的数值，可由第二个系统中相对应的诸量乘以不变的无量纲数得到，这两个系统的物理现象就是相似。属于力学现象的称为力学相似。根据相似现象的意义，相似现象有如下两个性质。

(1) 相似现象的两个系统中各对应物理量之比应当是无量纲的常数，称为相似常数或相似比。

(2) 相似现象的两个系统均可用一个基本方程式描述，各物理量的相似常数之间的制约关系可由此基本方程式导出。

2. 弹性力学问题的相似条件

若两个弹性力学问题是力学相似的，若以 p 和 m 分别表示原型和模型的物理量，则在直角坐标系 (x, y, z) 中，原型和模型都应满足弹性力学的基本方程。

1) 平衡方程式

原型：

$$\left\{\begin{aligned}\frac{\partial\left(\sigma_x\right)_{\mathrm{p}}}{\partial x_{\mathrm{p}}}+\frac{\partial\left(\tau_{xy}\right)_{\mathrm{p}}}{\partial \gamma_{\mathrm{p}}}+X_{\mathrm{p}}=0\\ \frac{\partial\left(\sigma_y\right)_{\mathrm{p}}}{\partial y_{\mathrm{p}}}+\frac{\partial\left(\tau_{xy}\right)_{\mathrm{p}}}{\partial x_{\mathrm{p}}}+Y_{\mathrm{p}}=0\end{aligned}\right\} \tag{2-1}$$

模型：

$$\begin{cases} \dfrac{\partial(\sigma_x)_\mathrm{m}}{\partial x_\mathrm{m}} + \dfrac{\partial(\tau_{xy})_\mathrm{m}}{\partial \gamma_\mathrm{m}} + X_\mathrm{m} = 0 \\ \dfrac{\partial(\sigma_y)_\mathrm{m}}{\partial y_\mathrm{m}} + \dfrac{\partial(\tau_{xy})_\mathrm{m}}{\partial x_\mathrm{m}} + Y_\mathrm{m} = 0 \end{cases} \tag{2-2}$$

式中，X、Y 分别为直角坐标系中 x 方向和 y 方向的体积力；σ 为正应力；τ 为剪应力；γ 为容重。

2)相容方程式

原型：

$$\left(\frac{\partial^2}{\partial x_\mathrm{p}^2} + \frac{\partial^2}{\partial y_\mathrm{p}^2}\right)\left[(\sigma_x)_\mathrm{p} + (\sigma_y)_\mathrm{p}\right] = 0 \tag{2-3}$$

模型：

$$\left(\frac{\partial^2}{\partial x_\mathrm{m}^2} + \frac{\partial^2}{\partial y_\mathrm{m}^2}\right)\left[(\sigma_x)_\mathrm{m} + (\sigma_y)_\mathrm{m}\right] = 0 \tag{2-4}$$

3)物理方程式

原型：

$$\begin{cases} (\varepsilon_x)_\mathrm{p} = \dfrac{1+\mu_\mathrm{p}}{E_\mathrm{p}}\left[(1-\mu_\mathrm{p})(\sigma_x)_\mathrm{p} - \mu_\mathrm{p}(\sigma_y)_\mathrm{p}\right] \\ (\varepsilon_y)_\mathrm{p} = \dfrac{1+\mu_\mathrm{p}}{E_\mathrm{p}}\left[(1-\mu_\mathrm{p})(\sigma_y)_\mathrm{p} - \mu_\mathrm{p}(\sigma_x)_\mathrm{p}\right] \\ (\gamma_{xy})_\mathrm{p} = \dfrac{2(1+\mu_\mathrm{p})}{E_\mathrm{p}}(\tau_{xy})_\mathrm{p} \end{cases} \tag{2-5}$$

模型：

$$\begin{cases} (\varepsilon_x)_\mathrm{m} = \dfrac{1+\mu_\mathrm{m}}{E_\mathrm{m}}\left[(1-\mu_\mathrm{m})(\sigma_x)_\mathrm{m} - \mu_\mathrm{m}(\sigma_y)_\mathrm{m}\right] \\ (\varepsilon_y)_\mathrm{m} = \dfrac{1+\mu_\mathrm{m}}{E_\mathrm{m}}\left[(1-\mu_\mathrm{m})(\sigma_y)_\mathrm{m} - \mu_\mathrm{m}(\sigma_x)_\mathrm{m}\right] \\ (\gamma_{xy})_\mathrm{m} = \dfrac{2(1+\mu_\mathrm{m})}{E_\mathrm{m}}(\tau_{xy})_\mathrm{m} \end{cases} \tag{2-6}$$

式中，μ 为泊松比；ε 为正应变；E 为弹性模量。

4) 几何方程式

原型：

$$\left\{\begin{aligned}(\varepsilon_x)_\mathrm{p} &= \frac{\partial u_\mathrm{p}}{\partial x_\mathrm{p}} \\ (\varepsilon_y)_\mathrm{p} &= \frac{\partial v_\mathrm{p}}{\partial \gamma_\mathrm{p}} \\ (\gamma_{xy})_\mathrm{p} &= \frac{\partial v_\mathrm{p}}{\partial \gamma_\mathrm{p}} + \frac{\partial u_\mathrm{p}}{\partial x_\mathrm{p}}\end{aligned}\right\} \tag{2-7}$$

模型：

$$\left\{\begin{aligned}(\varepsilon_x)_\mathrm{m} &= \frac{\partial u_\mathrm{m}}{\partial x_\mathrm{m}} \\ (\varepsilon_y)_\mathrm{m} &= \frac{\partial v_\mathrm{m}}{\partial \gamma_\mathrm{m}} \\ (\gamma_{xy})_\mathrm{m} &= \frac{\partial v_\mathrm{m}}{\partial \gamma_\mathrm{m}} + \frac{\partial u_\mathrm{m}}{\partial x_\mathrm{m}}\end{aligned}\right\} \tag{2-8}$$

式中，v 为直角坐标系中 y 方向的位移；u 为直角坐标系中 x 方向的位移。

5) 边界条件

原型：

$$\left\{\begin{aligned}\bar{X}_\mathrm{p} &= (\sigma_x)_\mathrm{p}\cos\alpha + (\tau_{xy})_\mathrm{p}\sin\alpha \\ \bar{Y}_\mathrm{p} &= (\sigma_y)_\mathrm{p}\sin\alpha + (\tau_{xy})_\mathrm{p}\cos\alpha\end{aligned}\right\} \tag{2-9}$$

模型：

$$\left\{\begin{aligned}\bar{X}_\mathrm{m} &= (\sigma_x)_\mathrm{m}\cos\alpha + (\tau_{xy})_\mathrm{m}\sin\alpha \\ \bar{Y}_\mathrm{m} &= (\sigma_y)_\mathrm{m}\sin\alpha + (\tau_{xy})_\mathrm{m}\cos\alpha\end{aligned}\right\} \tag{2-10}$$

式中，α 为边界的法线与 x 轴所成的夹角；$\bar{X}$、$\bar{Y}$ 分别为在边界上的已知面力沿 x 轴、y 轴的分量。

设各物理量之间的相似比定义如下。

几何相似比：

$$C_l = \frac{x_{\mathrm{p}}}{x_{\mathrm{m}}} = \frac{y_{\mathrm{p}}}{y_{\mathrm{m}}} = \frac{\mu_{\mathrm{p}}}{\mu_{\mathrm{m}}} = \frac{l_{\mathrm{p}}}{l_{\mathrm{m}}} \tag{2-11}$$

式中，l为特征长度。

应力相似比：

$$C_\sigma = \frac{(\sigma_x)_{\mathrm{p}}}{(\sigma_x)_{\mathrm{m}}} = \frac{(\sigma_y)_{\mathrm{p}}}{(\sigma_y)_{\mathrm{m}}} = \frac{(\tau_{xy})_{\mathrm{p}}}{(\tau_{xy})_{\mathrm{m}}} = \frac{\sigma_{\mathrm{p}}}{\sigma_{\mathrm{m}}} \tag{2-12}$$

应变相似比：

$$C_\varepsilon = \frac{(\varepsilon_x)_{\mathrm{p}}}{(\varepsilon_x)_{\mathrm{m}}} = \frac{(\varepsilon_y)_{\mathrm{p}}}{(\varepsilon_y)_{\mathrm{m}}} = \frac{(\tau_{xy})_{\mathrm{p}}}{(\tau_{xy})_{\mathrm{m}}} = \frac{\varepsilon_{\mathrm{p}}}{\varepsilon_{\mathrm{m}}} \tag{2-13}$$

弹性模量相似比：

$$C_E = \frac{E_{\mathrm{p}}}{E_{\mathrm{m}}} \tag{2-14}$$

泊松比相似比：

$$C_\mu = \frac{\mu_{\mathrm{p}}}{\mu_{\mathrm{m}}} \tag{2-15}$$

边界力相似比：

$$C_{\bar{X}} = \frac{\bar{X}_{\mathrm{p}}}{\bar{X}_{\mathrm{m}}} = \frac{\bar{Y}_{\mathrm{p}}}{\bar{Y}_{\mathrm{m}}} \tag{2-16}$$

体积力相似比：

$$C_X = \frac{X_{\mathrm{p}}}{X_{\mathrm{m}}} = \frac{Y_{\mathrm{p}}}{Y_{\mathrm{m}}} \tag{2-17}$$

位移相似比：

$$C_v = \frac{v_{\mathrm{p}}}{v_{\mathrm{m}}} \tag{2-18}$$

容重相似比：

$$C_{\gamma}=\frac{\gamma_{\mathrm{p}}}{\gamma_{\mathrm{m}}} \tag{2-19}$$

将式(2-11)～式(2-19)中的相关部分代入式(2-1)中，并在公式两边乘以C_X，得到：

$$\left\{\begin{aligned}&\frac{C_X C_l}{C_\sigma}\left[\frac{\partial\left(\sigma_x\right)_{\mathrm{p}}}{\partial x_{\mathrm{p}}}+\frac{\partial\left(\tau_{xy}\right)_{\mathrm{p}}}{\partial \gamma_{\mathrm{p}}}\right]+X_{\mathrm{p}}=0\\&\frac{C_X C_l}{C_\sigma}\left[\frac{\partial\left(\sigma_y\right)_{\mathrm{p}}}{\partial y_{\mathrm{p}}}+\frac{\partial\left(\tau_{xy}\right)_{\mathrm{p}}}{\partial x_{\mathrm{p}}}\right]+Y_{\mathrm{p}}=0\end{aligned}\right\} \tag{2-20}$$

为了使模型的应力状态能反映原型的应力状态，必须使式(2-20)与式(2-1)一致，则必须使：

$$\frac{C_X C_l}{C_\sigma}=1 \tag{2-21}$$

同理，将式(2-11)～式(2-19)中的相关部分代入式(2-4)、式(2-6)、式(2-8)、式(2-10)，可得下列各种相似关系：

$$\left\{\begin{aligned}&C_\sigma=C_X C_l\\&C_\sigma=C_\varepsilon C_E\\&C_\mu=1\\&C_\varepsilon=1\\&C_{\bar{X}}=C_\sigma\end{aligned}\right\} \tag{2-22}$$

由式(2-21)与式(2-1)可知，唯有$\frac{C_X C_l}{C_\sigma}=1$时，原型与模型两个力学模型的基本方程才相同，在相似理论中，称这个约束各相似常数的指标$K=\frac{C_X C_l}{C_\sigma}=1$为相似指标。

另外，根据相似指标，有

$$\frac{X_p l_p}{\sigma_p}=\frac{X_m l_m}{\sigma_m}=\pi \tag{2-23}$$

式(2-23)说明原型与模型中某些物理量之间的组合是相等的，并等于一个定数 π，在相似理论中，称这种组合为相似判据。在相似系统中，相似判据应该相等。

地下工程中通常体积力即为重力，所以，若 $Y=\gamma$，$X=0$，则 $C_X=C_Y$，从而可得到如下相似关系：

$$\frac{\sigma_p}{\sigma_m}=\frac{l_p\gamma_p}{l_m\gamma_m} \tag{2-24}$$

$$\mu_p=\mu_m \tag{2-25}$$

$$\frac{\varepsilon_p}{\varepsilon_m}=\frac{l_p\gamma_p E_m}{l_m\gamma_m E_p}=1 \tag{2-26}$$

$$\frac{v_p}{v_m}=\left(\frac{l_p}{l_m}\right)^2\frac{\gamma_p E_m}{\gamma_m E_p} \tag{2-27}$$

利用式(2-24)～式(2-27)中的相似关系，可以由模型模拟反映出原型的弹性力学状态。

此外，模型材料与原型材料强度包络线也必须相似，具体地，就是要模型材料的抗拉强度$(\sigma_t)_m$、抗压强度$(\sigma_c)_m$、抗剪强度C_m、φ_m等都要与原型材料的对应参数相似：

$$\frac{(\sigma_t)_p}{(\sigma_t)_m}=\frac{(\sigma_c)_p}{(\sigma_c)_m}=\frac{C_p}{C_m}=\frac{\sigma_p}{\sigma_m}=\frac{\gamma_p l_p}{\gamma_m l_m} \tag{2-28}$$

$$\varphi_p=\varphi_m \tag{2-29}$$

式中，C 为黏聚力；φ 为内摩擦角。

研究地下工程破坏情况的模型设计，原则上应当根据上述相似关系，但在实际实验时，要全部满足这些关系是非常困难的，一般只能满足其中的一部分主要关系。

2.1.2　量纲分析法(π 定律)

物理量所属的种类，称为这个物理量的量纲，一个物理量可采用不同的单位，但只能有一个量纲。在科学界，选定某些基本量的量纲为基本量纲，基本量纲是彼此独立的。由基本量纲所导出的量纲称为导出量纲。在动力学问题中，有长度 L、质量 M 和时间 T 三个基本量纲。在静力学问题中，则只有长度 L 和质量 M 两个基本量纲。不同量纲的物理量不能进行加减运算，任何一个正确的物理方程中，各项的量纲一定相同，这就是物理方程量纲的和谐性，量纲的和谐性是量纲分析的基础。

量纲分析可用于：①检查所建立的方程是否正确；②变换单位；③确定正确表征物理现象的有关物理量的合理形式；④设计系统的实验，并分析实验结果。

地下工程常用量纲表达式见表 2-1。

表 2-1　地下工程常用量纲表达式

物理量	符号	量纲(ML 制)	量纲(FL 制)	物理量	符号	量纲(ML 制)	量纲(FL 制)
质量	M	[M]	[M][L^{-1}][T^{-2}]	剪切弹性模量	G	[M][L^{-1}][T^{-2}]	[F][L^{-2}]
长度	L	[L]	[L]	泊松比	μ	[0]	[0]
时间	T	[T]	[T]	正应力	σ	[M][L^{-1}][T^{-2}]	[F][L^{-2}]
角度	Φ	[0]	[T]	剪应力	τ	[M][L^{-1}][T^{-2}]	[F][L^{-2}]
速度	V	[L][T^{-1}]	[T]	正应变	ε	[0]	[0]
加速度(线)	α	[L][T^{-1}]	[T]	剪应变	s	[0]	[0]
加速度(角)	a	[T^{-2}]	[T]	容重	γ	[M][L^{-1}][T^{-2}]	[F][L^{-3}]
密度	ρ	[M][L^{-3}]	[M][L^{-4}][T^{2}]	重力加速度	g	[L][T^{-2}]	[L][T^{-2}]
力	P	[M][L][T^{-2}]	[F]	位移	u、v、w	[L]	[L]
力矩	M	[M][L^{-2}][T^{-2}]	[F][L]	内摩擦角	φ	[0]	[0]
弹性模量	E	[M][L^{-1}][T^{-2}]	[F][L^{-2}]	黏聚力	C	[M][L^{-1}][T^{-2}]	[F][L^{-2}]

注：[F]=[M][L][T^{-2}]；[M]=[F][T^{2}][L^{-1}]。

量纲分析法用于相似模拟的实验研究，可用来确定相似判据，进行模型设计。具体的方法就是 π 定理，其内容是，若物理方程：

$$f\left(x_1, x_2, \cdots, x_n\right)=0 \tag{2-30}$$

共含有 n 个物理量，其中有 r 个是基本量，并且保持量纲的和谐性，则这个物理方程可以简化为

$$f\left(\pi_1,\pi_2,\cdots,\pi_{n-r}\right)=0 \tag{2-31}$$

式中，$\pi_1,\pi_2,\cdots,\pi_{n-r}$，为由方程中的物理量所构成的无量纲积，即相似判据。

由此可知，把式(2-31)中的参数 $\pi_1,\pi_2,\cdots,\pi_{n-r}$ 看作新的变量，则变量的数目将比原方程所包含的减少 r 个。

确定相似判据 π 的方法是：从式(2-30)所有的物理量 $x_1,x_2,\cdots,x_n$ 中，按不同的量纲，选择 r 个。要求所造出的 r 个物理量的量纲是独立的基本量纲或不能相互导出的量纲，每个基本量纲在所选的 r 个物理量中，至少要出现一次。将所选的 r 个物理量组成基本量群，将此基本量群的幂乘积作为分母，未被入选基本量群的余下的每个物理量作为分子，逐个分别与基本量群的幂乘积构成分式，此分式值用 π 表示。设此分式的分子的量纲与分母的量纲相等，则 π 就是无量纲参数，即相似判据。

现以弹性力学相似模型为例进行分析。

(1) 列出弹性力学模型相关参数表达式：

$$f\left(\sigma,\varepsilon,E,\mu,X,\bar{X},l,v\right)=0 \tag{2-32}$$

式(2-32)中参数总数 n 的值为 8，基本量纲数目 r=2，(静力学问题，基本量纲为 L、M)，根据 π 定理，独立的 π 项有 6 个。

(2) 选出体积力 X 和长度 l 作为基本量群的物理量，它们的量纲是 $\mathrm{FL^{-3}}$，二者满足相互独立、基本量纲至少出现一次的原则。

$$\pi_1=\frac{\alpha'}{X^{\alpha'}l^{\beta}}=\frac{\mathrm{FL^{-2}}}{\left[\mathrm{FL^{-3}}\right]^{\alpha'}\mathrm{L}^{\beta}} \tag{2-33}$$

式中，α'、β 为待定系数。

要使式(2-33)成为无量纲参数，则必须使 $\alpha'=1$；$-3\alpha'+\beta=-2$，解得 $\beta=1$。故有

$$\pi_1=\frac{\sigma}{X\cdot l} \tag{2-34}$$

同理可得

$$\pi_2 = \varepsilon; \pi_3 = \frac{E}{Xl}; \pi_4 = \mu; \pi_5 = \frac{\bar{X}}{Xl}; \pi_6 = \frac{v}{l} \tag{2-35}$$

根据两个力学现象相似则相似判据相等，有

$$\frac{\sigma_p}{X_p l_p} = \frac{\sigma_m}{X_m \gamma_m}; \varepsilon_p = \varepsilon_m; \frac{E_p}{X_p l_p} = \frac{E_m}{X_m \gamma_m}; \mu_p = \mu_m; \frac{\bar{X}_p}{X_p l_p} = \frac{\bar{X}_m}{X_m \gamma_m}; \frac{v_p}{l_p} = \frac{v_m}{l_m} \tag{2-36}$$

或

$$\frac{C_\sigma}{C_X C_l} = 1; C_\varepsilon = 1; \frac{C_E}{C_X C_l} = 1; \varepsilon_\mu = 1; \frac{C_{\bar{X}}}{C_X C_l} = 1; \frac{C_\sigma}{C_l} = 1 \tag{2-37}$$

上述结论与根据弹性力学基本方程导出的相似判据是一致的。

2.1.3　单值条件

两个力学模型相似的必要和充分条件是：无量纲函数或相似判据不变，单值条件相似。单值条件如下所述。

(1) 原型和模型的几何条件相似；

(2) 在所研究的过程中具有显著意义的物理常数成比例；

(3) 两个系统的初始状态相似；

(4) 在研究期间，两个系统的边界条件相似。

几何相似只要模型与原型各部分按同样的比例尺缩小或放大。对于二维问题或可简化平面问题来考虑的三维模型，只要求保持平面尺寸几何相似，而模型的厚度可按稳定条件选取。定性模型的相似比一般取 100～200，定量模型的相似比一般取 10～50。在制作小模型时，某些构件可用非几何相似的方法来模拟，但必须以满足不影响模型整体的相似为前提。

初始应力状态是指原型的自然状态。对于岩体来讲，最重要的初始状态是岩体结构特征、分布规律及其力学性质。通常，对主要的不连续面，应当按几何相似条件单独模拟，对于系统的成组结构面，应按地质调查统计所得的优势结构面的方位和间距模拟。对次要的不连续面，可一并考虑在岩土(体)材料的特性之中，用降低弹性模量及强度的办法来加以调整。

关于边界条件相似，平面模型应满足“平面应变”要求，需采取各种措施保证前后表面不产生变形，这一要求对松软岩层或膨胀性岩层尤其重要，采用平面应力模型代替平面应变模型时，由于在前后表面上没有满足原边界条件，模型中介质具有的刚度将低于原型，在设计中可采用 $\left(\dfrac{E}{1-\mu^2}\right)_{\mathrm{m}}$ 代替原来的 E_{m} 值。用外加载方法研究地下工程开挖后的应力应变分布时，模拟的范围应大于开挖空间的三倍。

2.2　相似材料与相似比

2.2.1　相似材料模拟实验

相似材料模拟实验是用与原型力学性质相似的材料按几何常数缩制成模型，在模型上模拟各种加载和开挖过程，以观察与研究地下工程围岩的变形和破坏等力学现象，或加载到模型破坏以模拟得到地下工程的安全系数等。模型内量测到的位移、应力、应变分别乘以相应的相似比即得到原型的位移、应力和应变。

所选用的相似材料一般应符合下列基本要求。

(1) 主要力学性质与模拟的岩层或结构相似；

(2) 实验过程中材料的力学性能稳定，不易受温度、湿度等外界条件的影响；

(3) 改变材料配比，可调整材料的某些性质以适应相似条件的需要；

(4) 制作方便，容易成型，凝固时间短；

(5) 成本低，来源丰富。

实践中，要选择一种满足所有这些要求的材料是不现实的，通常是只满足一些最基本的要求。目前用的相似材料大多数是混合物，这种混合物由两类材料组成：一类是作为胶结物质的材料，另一类是作为骨架物质的惰性材料。这两类材料通常选用以下物质。

(1) 骨料：砂、黏土、铁粉、铅粉、重晶石粉、铅粉、云母粉、软木屑、硅藻土和聚苯乙烯颗粒等。

(2) 胶结材料：石膏、水泥、石灰、水玻璃、碳酸钙、石蜡、树脂等。

胶结材料和惰性材料选好后，应当用各种不同的配比进行一系列实验。为减少实验次数和工作量，可用正交设计选择材料配比，得出模型的若干种物理力学性能指标随着配比变化的规律，由此选择出模型材料合适的配比。

此外，在混合材料中加入少量添加剂可以改善相似材料的某些性质。例如，在以石膏为胶结材料的相似材料中，加入硅藻土，可改变相似材料的水膏比，使其软硬适中，便于制作模型和测试；加入砂土，可提高相似材料的强度和弹性模量；加入橡皮泥，可以提高相似材料的变形性；加入钡粉，可以增加相似材料的容重等。

相似材料的选择费时、费钱，前人已在这方面做了许多工作，积累了许多经验，选择时，参考已有的配方和经验是最为合算的。

通常，模拟混凝土的相似材料有纯石膏、石膏硅藻土、水泥浮石砂浆等，模拟岩石的相似材料有石膏胶结材料、石膏铅丹砂浆、环氧树脂胶结材料等。此外，用油脂类涂料，可模拟黏土夹层的黏滞滑动，而滑石涂料可模拟塑性滑动。各种纸质面层、石灰粉、云母粉、滑石粉等可模拟岩石节理面和分层面，也可用锯缝来模拟结构面。

2.2.2　物理相似及相似比的选择

根据相似条件和量纲分析法，量纲相同的物理量的相似比相同，无量纲的物理量，如应变 ε、泊松比 μ、内摩擦角 φ 的相似比为 1，即模型与原型的相应物理量相等。根据量纲相同的物理量的相似比相同这一要求，在力学模型中，弹性模量、应力和应变的相似比都应相等，即 $C_E=C_\sigma=C_\varepsilon$。事实上，要选择一种相似材料，既要使其弹性模量满足选定的相似比，又要使其强度满足同样的相似比是很困难的，这就要根据所研究问题的需要来选择首先满足哪个物理量的相似比。例如，若要研究模型在破坏前的弹性阶段，则应最先使弹性模量满足选定的相似比；若要研究模型的破坏特性，则应最先使强度满足选定的相似比。因此，下面分弹性模型和破坏模型来分析。

(1) 弹性模型地下工程在自重作用下的弹性力学模型所要确定的相似比有：几何相似比 C_l、容重相似比 C_γ、应力相似力 C_σ、应变相似比 C_ε、弹性模量相似比 C_E、泊松比相似比 C_μ、位移相似比 C_v。根据相似条件，各相似比之间有如下关系：

$$\frac{C_\sigma}{C_l C_\gamma}=1 \tag{2-38}$$

$$\mathrm{C}_E = C_\sigma \tag{2-39}$$

$$C_\varepsilon = C_\mu = 1 \tag{2-40}$$

$$C_v = C_l \tag{2-41}$$

通常，C_l 是根据实验需要及实验架大小最先选取的，然后再根据实验架的加载条件选取 C_σ。从而由式(2-38)、式(2-39)确定 C_γ 和 C_E。然后进行相似材料配比实验选定材料，获得实际的弹性模量相似比和容重相似比。再由式(2-38)确定实际的几何相似比，并由式(2-39)确定应力相似比 C_σ，据此设计加载量级。模拟实验结果通常为应力、应变和位移，原型的应变与模型的应变相等，其余可乘以相应的相似比得到。但不计自重时，则不受式(2-38)的限制，弹性模量相似比的选取只取决于实验架的能力。

(2) 破坏模型在研究破坏的相似模型时，应在满足强度相似的前提下，尽可能满足模型变形性质的相似。要使模型材料与原型材料的强度曲线完全相似是很难的，通常将强度曲线简化为直线。因此，为保证直线型强度曲线的相似，只要求材料的抗压强度和抗拉强度的相似比满足相似条件，或黏结力和内摩擦角的相似比满足相似条件。破坏问题涉及运动学，可根据牛顿第二运动定律 $F=Ma$ 及量纲分析推导出与弹性力学平衡微分方程中推导出的完全一致的相似比约束条件 $C_lC_\gamma=C_\sigma$，因此，研究模型破坏时的相似比制约关系与研究弹性变形时的相同。量纲相同的物理量的相似比相等，因此抗压强度的相似比应等于抗拉强度的相似比并等于应力的相似比。当取黏聚力的相似比等于应力的相似比时，内摩擦角的相似比应为 1，即模型与原型的内摩擦角相等。

2.3 荷载模拟与加载系统

地下工程的荷载主要来自自重应力、构造应力和工程荷载。利用相似材料本身的质量模拟自重是最基本的方法，当模拟的地层很深，而所要研究的问题仅涉及硐室附近一部分围岩时，常常用施加面力的办法来代替研究范围以外的岩土介质的自重。在立体模型和大的平面模型中，可采用分块加载模拟自重，它是利用加载钢丝将荷载悬挂在模型下部，为此常将模型划分成许多立方体，并将荷载分散施加在每个立方体的重心处，这种均匀分布于结构内部的垂直力系与自重力系最接近，因而适用于研究应力-应变特征的模型。利用离心机旋转产生的离心力，可得到均匀分布的自重应力场，这就是离心机模型实验的理论基础。对于较深的平面模型，可利用面摩擦力来模拟自重应力，它是将模型平放在粗糙的纸带上，使砂纸带不断移动，即在模型面上产生摩擦力从而模拟重力。对于构造应力和工程荷载，在设计模型时，应当采用双向或三向加载的系统来模拟。图 2-1 是英国帝国理工学院的液压式双向加载装置，该装置采用油压系统控制压力，油压通过四个盒式胶皮囊与规则排列的钢质加载片传到平面模型上。在模拟实验中，也采用气囊式、杠杆式和千斤顶等加载装置。

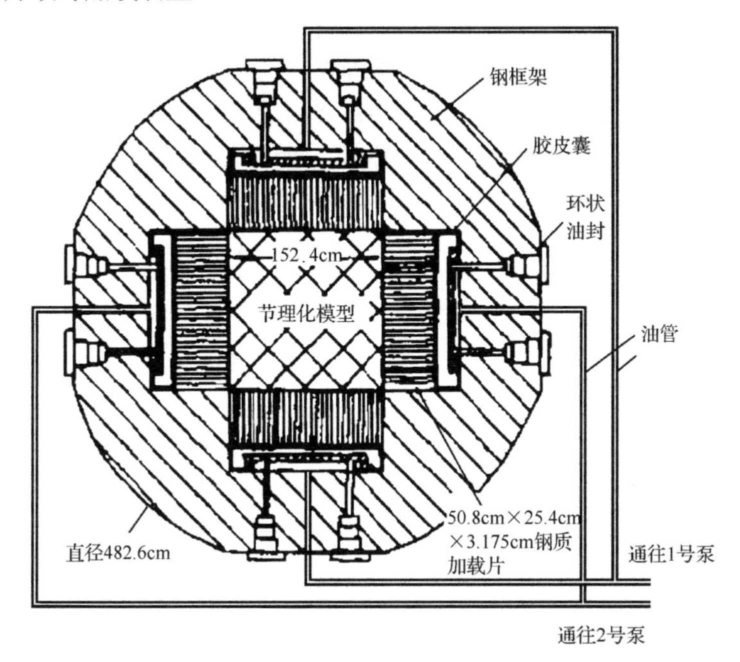

图 2-1　液压式双向加载装置

模拟实验可在一般的或专用的框架型静力台架上进行，一般的静力台架可将预制好的模型安装在台架上进行实验，因而可对不同的模型进行实验。专用的台架则是为某一模拟实验特制的，通常模型就在台架上浇注制作，因而实验周期较长。

2.4　量 测 系 统

在模拟实验中，通常要量测的物理量是应变、位移和应力，同时要对实验过程中模型的变形和破坏的宏观现象进行观测、描述和记录。

模型表面的应变一般采用粘贴电阻应变片的方法测试，模型内的应变则可采用应变砖测试。位移的量测可采用在模型表面安设机械式应变计，在模型上安设位移传递片，用磁性表座将千分表和位移传感器固定在基准梁或模型架上测试。还可以用照相法量测模型上各点的绝对位移，照相法是在模型上设置水平与垂直标尺，同时在模型上设置测标，组成平行于固定标尺的方格网，测点密度取决于观察目的与照相条件。实验时，对不同加载或开挖阶段的模型表面及量测系统进行拍照，然后在比长仪上比较各照相胶片上测标的距离，就可求得绝对位移，也可利用读数显微镜读出不同时间所拍胶片上测标的距离。模型中的应力的测量，在弹性范围内可采用应变片和应变计测量出应变，再用胡克定律求出应力。当需要测量模型中超出弹性极限后的应力值时，就要用应力计或小型压力传感器。应用素描和照相法，可记录模型在不同加载或开挖阶段的变化或破坏情况。

第 3 章　传感器与实验测量技术

3.1　电容式传感器、压电式传感器和压磁式传感器

3.1.1　电容式传感器

电容式传感器是以各种类型的电容器作为传感元件，将被测物理量或机械量转换为电容量的变化，最常用的是平行板形电容器或圆筒形电容器。平行板形电容器是由一块定极板与一块动极板及极板间介质组成，它的电容量为

$$C=\frac{\varepsilon_0\varepsilon_\alpha A}{\delta} \tag{3-1}$$

式中，ε_α 为极板间介质的相对介电系数，对空气，$\varepsilon_\alpha=1$；ε_0 为真空中介电常数，$\varepsilon_0=8.85\times10^{12}\,\mathrm{F/m}$；$\delta$ 为极板间距离，m；A 为两极板相互覆盖面积，m^2。

式(3-1)表明，当式中四个参数中任意两个保持不变而另一个变化时，则电容量 C 就是该变量的单值函数。根据此原理，电容式传感器分为变极距型、变面积型和变介质型三类。

根据式(3-1)，变极距型和变面积型电容式传感器的灵敏度分别为

变极距型：

$$S=\frac{\mathrm{d}C}{\mathrm{d}\delta}=-\varepsilon_0\varepsilon A\frac{1}{\delta^2} \tag{3-2}$$

变面积型：

$$S=\frac{\mathrm{d}C}{\mathrm{d}x}=-\varepsilon_0\varepsilon b\frac{1}{\delta} \tag{3-3}$$

式中，b 为电容器的极板宽度；x 为变面积型传感的测量位移。

变极距型电容式传感器的优点是可以用于非接触式动态测量，对被测系

统影响小，灵敏度高，适用于小位移(数百微米以下)的精确测量。但这种传感器有非线性特性，传感器的杂散电容对灵敏度和测量精度影响较大，与传感器配合的电子线路也比较复杂，使其应用范围受到一定的限制。变面积型电容式传感器的优点是输入与输出呈线性关系，但灵敏度较变极距型低，其适用于较大的位移测量。

电容式传感器输出的是电容量，尚需后续测量电路将其进一步转换为电压、电流或频率信号。利用电容的变化来取得测试电路的电流或电压变化的常用电路有调频电路(振荡回路频率的变化或振荡信号的相位变化)、电桥型电路和运算放大器电路。其中，以调频电路用得较多，其优点是抗干扰能力强、灵敏度高，但电缆的分布电容对输出影响较大，使用中调整比较麻烦。

3.1.2 压电式传感器

有些电介质晶体材料在一定方向受到压力或拉力作用时发生极化，并导致介质两端表面出现符号相反的束缚电荷，其电荷密度与外力成正比，若外力取消时，它们又会回到不带电状态，这种由外力作用而激起晶体表面荷电的现象称为压电效应，称这类材料为压电材料。压电式传感器就是根据这一原理制成的。当有一外力作用在压电材料上时，传感器就会有电荷输出。因此，从其可测的基本参数来讲，其属于力传感器，但是，也可测量能通过敏感元件或其他方法变换为力的其他参数，如加速度、位移等。

1. 压电晶体加速度传感器

图 3-1 是压电晶体加速度传感器的结构简图，它主要由压电晶体片、惯性质量块、压紧弹簧和基座等零件组成。其结构简单，但结构的形式对性能影响很大。图 3-1(a)中的传感器是将弹簧外缘固定在壳体上，因而外界温度、噪声和实际变形都将通过壳体和基座影响加速度的输出。图 3-1(b)中的传感器是中间固定型，惯性质量块和压紧弹簧装在一个中心架上，它有效地克服了图 3-1(a)中的传感器的缺点。图 3-1(c)中的传感器是倒置中间固定型，惯性质量块不直接固定在基座上，可避免基座变形造成的影响。但这时壳体是弹簧的一部分，所以它的谐振频率较低。图 3-1(d)中的传感器是剪切型，一个圆柱形压电晶体和一个圆柱形惯性质量块黏结在同一中心架上，加速度计沿轴向振动时，压电晶体受到剪切应力，这种结构能较好地隔离外界条件变化的影响，有很高的谐振频率。

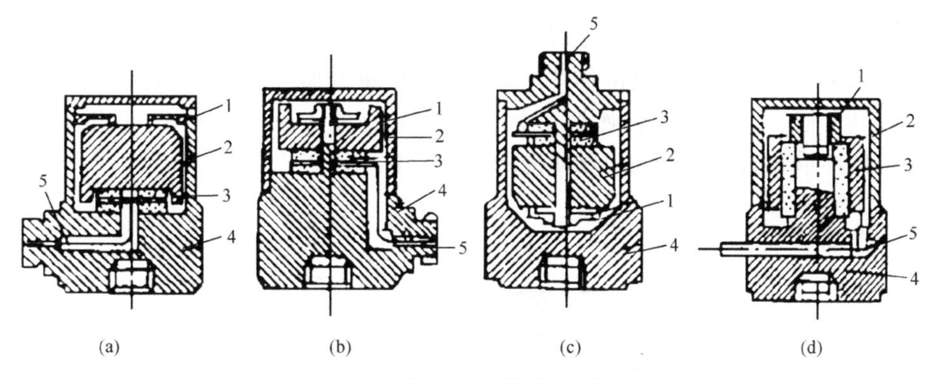

图3-1　压电晶体加速度传感器的结构简图

1-压紧弹簧；2-惯性质量块；3-压电晶体片；4-基座；5-引出线

根据极化原理，当某些晶体沿某一晶轴的方向有力地作用时，其表面产生的电荷与所受力 F 的大小成比例，即

$$Q = d_x F = d_x \sigma A' \tag{3-4}$$

式中，Q 为电荷，C；d_x 为压电系数，C/N；σ 为应力，N/m^2；A' 为晶体表面积，m^2。

作为信号源，压电晶体可以看作是一个小电容，其输出电压为

$$V = \frac{Q}{C'} \tag{3-5}$$

式中，C' 为压电晶体的内电容。

当传感器底座以加速度 a 运动时，则传感器的输出电压为

$$V = \frac{Q}{C'} = \frac{d_x F}{C'} = \frac{d_x m}{C'} a = \kappa a \tag{3-6}$$

式中，κ 为压电灵敏度。

即输出电压与振动的加速度成正比。

压电晶体加速传感器是发电式传感器，因此无须对其进行供电，但它产生的电信号是十分微弱的，需放大后才能被显示或记录。压电晶体的内阻很高，又必须使两极板上的电荷不泄漏，因此在测试系统中需通过阻抗变换器送入电测线路。

2. 压电式测力传感器

图3-2为单向压电式测力传感器的结构简图，根据压电晶体的压电效应，

利用垂直于电轴的切片便可制成拉(压)型单向压电式测力传感器。在该传感器中采用了两片压电石英晶体片，为了使电荷量增加一倍，相应地，灵敏度也提高一倍，同时也便于绝缘。对于小力值传感器，还可以采用多只压电石英晶体片重叠的结构形式，以便提高其灵敏度。

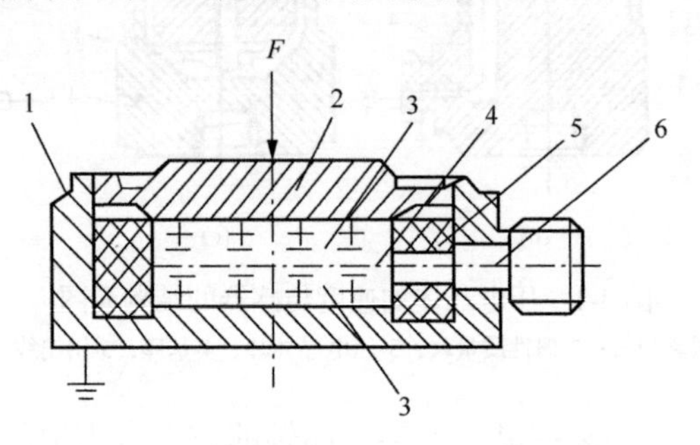

图 3-2　单向压电式测力传感器的结构简图

1-壳体；2-弹性盖；3-压电石英晶体片；4-电极；5-绝缘套；6-引出线

当传感元件采用两对不同切型的压电晶体片时，即可构成一个双向压电式测力传感器。其两对压电晶体片分别感受两个方向的作用力，并由各自的引出线分别输出；也可采用两个单向压电式测力传感器来组成双向测力仪。

压电式测力传感器的特点是刚度高、线性好。当采用大时间常数的电荷放大器时，它可以测量静态力与准静态力。

压电材料只有在交变力作用下，电荷才可能得到不断补充，用以供给测量回路一定的电流，因此其只适用于动态测量。压电晶体片受力后产生的电荷量极其微弱，不能用一般的低输入阻抗仪表来进行测量，否则，压电晶体片上的电荷就会很快地通过测量电路泄漏掉，只有当测量电路的输入阻抗很高时，才能把电荷泄漏减少到测量精度所要求的限度以内，因此，加速度计和测量放大器之间需加接一个可变换阻抗的前置放大器。目前使用的前置放大器有两类，一类是把电荷转变为电压，然后测量电压，称为电压放大器；另一类是直接测量电荷，称为电荷放大器。

3.1.3　压磁式传感器

压磁式传感器是测力传感器的一种，它利用铁磁材料的磁弹性物理效应，即当铁磁材料受机械力作用后，在它的内部产生机械效应力，从而引起铁磁材料的磁导系数发生变化，如果铁磁材料上有线圈，那么磁导系数的变化将引起铁磁材料中磁通量的变化；磁通量的变化则会导致线圈上自感电势或感应电势的变化，从而把力转换成电信号。

铁磁材料的压磁效应规律是：铁磁材料受到拉力时，作用力方向的磁导率提高，而与作用力相垂直的方向，磁导率略有降低；铁磁材料受到压力作用时，其效果相反，当外力作用力消失后，它的磁导率能复原。

在岩体孔径变形预应力法中，使用的钻孔应力计就是压磁式传感器，其工作原理如下：设传感器是由许多如图 3-3(a)所示的柱形的硅钢片组成的，在硅钢片上开互相垂直的两对孔 1、2 和 3、4，在 1、2 孔中绕励磁线圈 $W_{1,2}$(原绕阻)，在 3、4 孔中绕励磁线圈 $W_{3,4}$(副绕阻)。当 $W_{1,2}$ 中流过一定交变电流时，磁铁中将产生磁场。

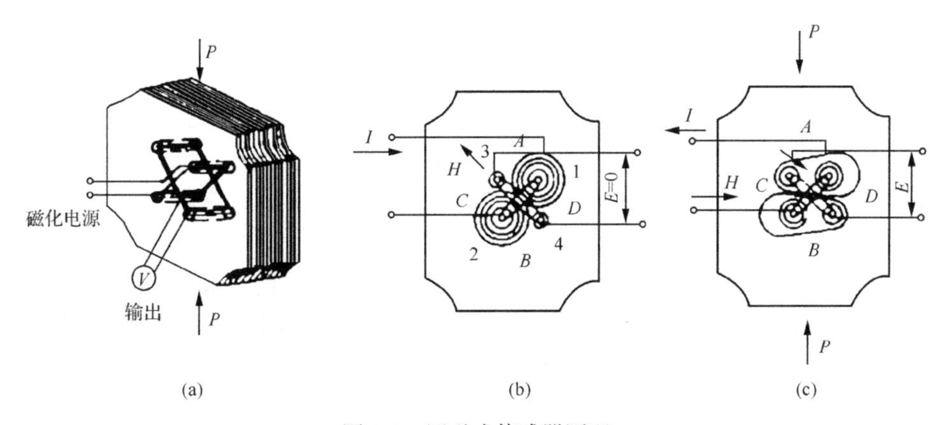

图 3-3　压磁式传感器原理

A、*B*、*C*、*D* 为传感器四个区域，*E* 为感应电动势，*P* 为外部压力，*I* 为电流方向，*H* 为合成磁场强度，在无外力作用时，每个区域磁导率是相同的。此时，磁力线呈轴对称分布，合成磁场强度 *H* 平行于 $W_{3,4}$ 的平面，磁力线不与 $W_{3,4}$ 切剖，因此不会感应出电势。在压力 *P* 的作用下，*A*、*B* 区将受到很大的压应力，由于硅钢片的结构形状，*C*、*D* 区基本上仍处于自由状态，于是 *A*、*B* 区的磁导率下降，即磁阻增大，而 *C*、*D* 区的磁导率不变。由于磁力线具有沿磁阻最小途径闭合的特性，这时 1、2 孔周围的磁力线中将有部分绕过 *C*、*D* 区而闭合，如图 3-3(b)、(c)所示。于是磁力线变形，合成磁场强度 *H* 不再与 $W_{3,4}$ 平面平行，而是相交；在 $W_{3,4}$ 中，感应电动势 *E*、压力 *P* 越大，转移磁通越多。根据上述原理及 *E* 与 *P* 的标定关系，就能制成压磁式传感器。

图 3-4 是压磁式钻孔应力计的构造图，它包括磁芯部分和框架部分，磁芯一般为工字形。磁芯受压面积应当与外加压应力面积相近，以防止磁芯受

压时发生弯曲而影响灵敏度的稳定性。

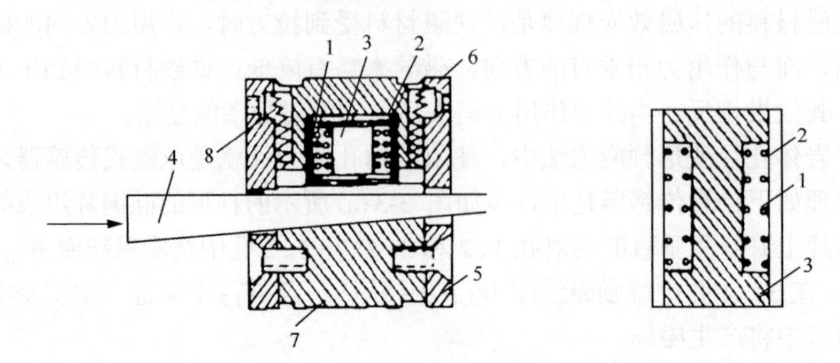

图 3-4　压磁式钻孔应力计的构造图

1-线圈；2-屏蔽套；3-合金心轴；4-型滑块；5-下盖板；6-上盖板；7-承压架；8-弹簧

钻孔应力计的磁芯在外加压力作用下将产生磁导率的变化，磁导率的变化能引起感应电动势，即阻抗(电感)的变化，其变化越大，越能提高测量的灵敏度。电感 L_e 的大小取决于磁芯上所绕线圈的匝数、磁芯的磁导率和尺寸。

压磁式传感器可整体密封，因此具有良好的防潮、防油和防尘等性能，适合在恶劣环境条件下工作，此外，还具有受温度影响小、抗干扰能力强、输出功率大、结构简单、价格较低、维护方便、过载能力强等优点。其缺点是线性和稳定性较差。

3.2　电阻应变片和应变仪

3.2.1　电阻应变片

1. 应变片的构造和工作原理

由物理学可知，金属导线的电阻 $R(\Omega)$ 与其长度 $L(\mathrm{m})$ 成正比，与其面积 $A_j(\mathrm{mm}^2)$ 成反比，即

$$R = \rho \frac{L}{A_j} \tag{3-7}$$

式中，ρ 为电阻率。

大多数金属丝在轴向受到拉伸时，其电阻增加；受到压缩时，其电阻减小。

这种电阻值随变形发生变化的现象称为金属丝的电阻应变效应。对式(3-7)两边取对数并微分，得

$$\frac{\mathrm{d}R}{R}=\frac{\mathrm{d}\rho}{\rho}+\frac{\mathrm{d}L}{L}-\frac{\mathrm{d}A_{\mathrm{j}}}{A_{\mathrm{j}}}=\frac{\mathrm{d}\rho}{\rho}+\varepsilon+2\mu\frac{\mathrm{d}L}{L} \tag{3-8}$$

即

$$\frac{\mathrm{d}R}{R}=\frac{\mathrm{d}\rho}{\rho}+\left(1+2\mu\right)\varepsilon \tag{3-9}$$

式中，ε 为金属丝的纵向应变；μ 为金属丝的泊松比。

人们早已发现金属电阻率的变化率与体积的变化率呈线性关系，即

$$\frac{\mathrm{d}\rho}{\rho}=m\frac{\mathrm{d}V'}{V'} \tag{3-10}$$

式中，m 为常数，对给定的材料和加工方法，m 是确定值。

在单向应力状态下，有

$$\frac{\mathrm{d}V'}{V'}=\left(1-2\mu\right)\varepsilon \tag{3-11}$$

将式(3-10)和式(3-11)代入式(3-9)，可得

$$\frac{\mathrm{d}R}{R}=\left[1+2\mu+m\left(1-2\mu\right)\right]\varepsilon=k_0\varepsilon \tag{3-12}$$

式中，$k_0=1+2\mu+m\left(1-2\mu\right)$，为金属材料对应变的灵敏系数。

由式(3-12)可知，当材料确定时，k_0 只是 μ 的函数。一般来说，当金属材料的变形进入塑性区时，μ 值要发生变化，所以，k_0 值也要改变。k_0 值与合金成分、加工工艺及热处理等因素有关。各种材料的灵敏度系数由实验测定。某些材料，如康铜(铜、镍合金)的应变与电阻变化率之间具有良好的线性关系，因为康铜的 $m=1$，理论上，在弹性区和塑性区，k_0 都为 2，即其灵敏度系数为常数，而且其热稳定性好，因而它是制作应变片敏感栅的主要材料。应变片的构造如图 3-5 所示。

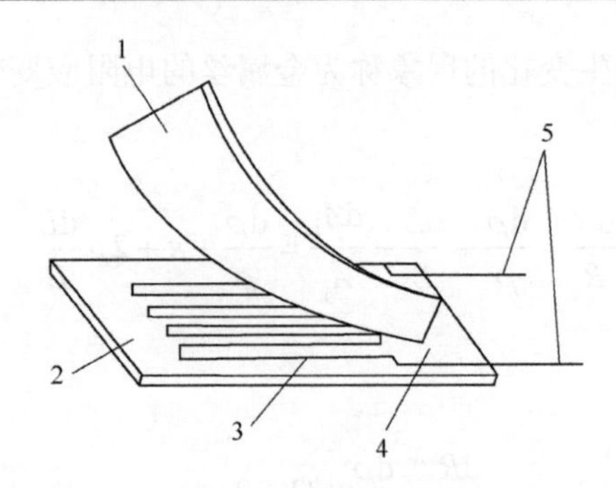

图 3-5　应变片的构造

1-盖层；2-基底；3-敏感栅；4-黏结剂；5-引出线

2. 应变片的类型

根据不同的用途和特点，应变片的类型有很多，表 3-1 列出了各种类型的应变片及其特点。目前常见的应变片主要有以下几种。

表 3-1　各种类型的应变片及其特点

分类方法	类型	主要特点
敏感栅材料	丝绕式应变片	横向效应大，应变片的 k(灵敏系数)值分散度大，价廉
	短接线式应变片	横向效应小，疲劳寿命短
	箔式应变片	横向效应小，散热条件好，蠕变小，疲劳寿命长
	半导体应变片	灵敏系数甚高，温度稳定性差
敏感栅形状	单轴	用于测量单向应变的应变片
	应变花	用于平面应力状态下测定主应变
基底材料	纸基应变片	耐温、耐热及耐久性能差
	胶基应变片	以有机胶膜作基底，耐热、耐湿、耐久性较纸基应变片好
	金属基底应变片	高温应变片类型之一，用焊接方式安装于构件上
	临时基底应变片	高温应变片类型之一
用途	一般用途应变片	指用于应变测量的各种常规应变片
	特殊用途应变片	如半导体应变片、防水应变片、埋入式应变片、双层应变片等
	应变片式传感元件	如裂纹扩展片、疲劳寿命片、测温片、测压片等

1)金属丝式应变片

金属丝式应变片分为丝绕式和短接式两种。丝绕式应变片[图 3-6(a)]是最常用的类型，敏感栅用丝绕机绕成，制造容易，成本低。敏感栅存在圆角部分，因此横向效应比较大。特别对小标距应变片，圆弧形状不易保证，使得其灵敏系数值分散较大。短接线式应变片[图 3-6(b)]的敏感栅轴向是多根平行排列的电阻丝，而横向是粗宽而电阻率小的金属丝或箔带，因此横向电阻和横向效应都很小。此外，由于制作时敏感栅的形状容易保证，所以其精度较高，缺点是由于焊点多，疲劳寿命短。

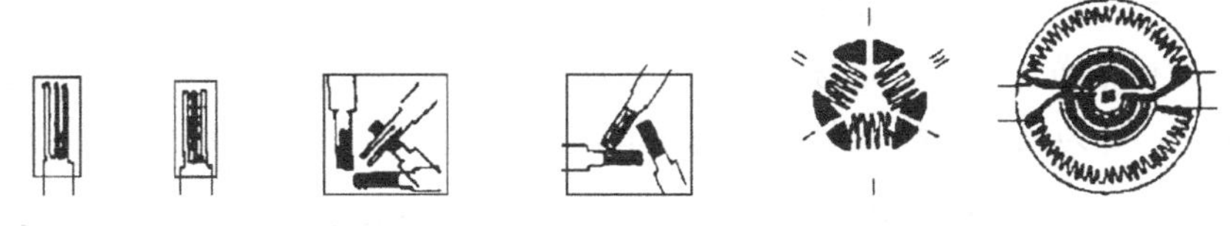

(a) 丝绕式 (b) 短接式 (c) 丝式直角应变花 (d) 丝式三角应变花 (e) 箔式三角应变花 (f) 箔式测压膜片

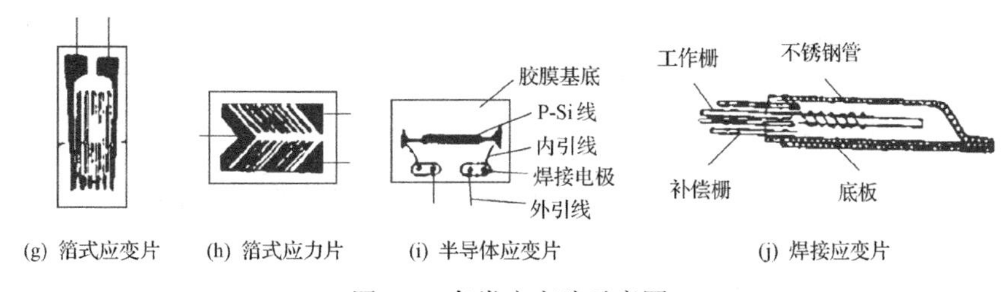

(g) 箔式应变片 (h) 箔式应力片 (i) 半导体应变片 (j) 焊接应变片

图 3-6　各类应变片示意图

金属丝式应变片按基底材料又可分为纸基、纸浸胶基和胶基几种，黏结剂多用硝化纤维素纸基应变片，制造简单，价格便宜，易于粘贴，一般用于常温短期实验。

2) 箔式应变片

箔式应变片[图 3-6(g)]是在箔式测压膜片[图 3-6(f)]的一面涂胶形成胶底，然后在膜面上用照相腐蚀成形法制成，所以几何形状和尺寸非常精密，而且因为电阻丝部分是平而薄的矩形面，所以，粘贴牢固，散热性能好，横向效应也较小，是目前使用较多的一种应变片。

3) 半导体应变片

半导体应变片[图 3-6(i)]是用锗或硅等半导体材料根据其压阻效应制成的。其灵敏系数比一般应变片大几十倍，能处理散小信号，可以省掉放大器，使应变测量系统简化。另外，它还有横向效应几乎为零、机械滞后、体积小、频率响应高、频带宽等优点，但也有电阻值和灵敏系数热稳定性差的缺点。常用于微小应变和高频、超高频动态应变的测量，对于遥测及制作各种传感器都有很大的应用价值。

4) 应变花

在一个基底上有几个按一定角度排列的敏感栅的应变片称为应变花。应变花可以是箔式的，也可以是丝式的[图 3-6(c) ～ (e)]。应变花的主要用途是通过测量一个点上几个方向的应变，从而得到在平面应力状态下该点的主应变及主应变方向。

5)应力电阻片

应力电阻片如图 3-6(h)所示。假设有两段电阻丝，将它们串联起来后对称于坐标轴布置，设它们与 x 轴的夹角各为 α 和$-\alpha$，若它们长度均为 1，电阻均为 R，k_1 为灵敏系数，则在应变分量 ε_x、ε_y 和 γ_{xy} 作用下的电阻增量分别为

$$\Delta R_{+\alpha}=Rk_1\left(\varepsilon_x\cos^2\alpha+\varepsilon_y\sin^2\alpha+\gamma_{xy}\sin\alpha\cos\alpha\right) \tag{3-13}$$

$$\Delta R_{-\alpha}=Rk_1\left[\varepsilon_x\cos^2(-\alpha)+\varepsilon_y\sin^2(-\alpha)+\gamma_{xy}\sin(-\alpha)\cos(-\alpha)\right] \tag{3-14}$$

式(3-13)与式(3-14)两者之和为

$$2\Delta R=2Rk_1\left(\varepsilon_x\cos^2\alpha+\varepsilon_y\sin^2\alpha\right)=2Rk_1\left(\varepsilon_x+\varepsilon_y\tan^2\alpha\right)\cdot\cos^2\alpha \tag{3-15}$$

设 $\tan^2\alpha=\mu$，则 $\cos^2\alpha=\dfrac{1}{1+\mu}$，根据胡克定律有

$$2\Delta R=2Rk_1\frac{1}{1+\mu}\left(\varepsilon_x+\varepsilon_y\mu\right)=2Rk_1\frac{1}{1+\mu}\cdot\frac{1-\mu^2}{E}\sigma_x \tag{3-16}$$

因而：

$$\sigma_x=\frac{\Delta R}{R}\cdot\frac{1}{k_1(1-\mu)}\cdot E \tag{3-17}$$

由此可见，只要将电阻应变仪的灵敏系数调节器调节至 $k_1(1-\mu)$，则读数乘以 E 即为应力 σ_x。

6)焊接应变片

在一些特殊测量环境下，如高温或低温测量时，需要用耐热合金(如不锈钢，卡玛，铁铬铝等)作为应变片的底板，制成焊接应变片[图 3-6(j)]。焊接应变片在室内进行充分的高温稳定化处理，再用小型专用焊机焊于被测物体上。

3. 应变片的灵敏系数和横向效应

应变片的灵敏系数(即灵敏度)k 定义为：把应变片粘贴在处于单向应力状态的试件表面，其敏感栅纵向中心线与应力方向平行时，应变片电阻值的相对变化与沿其纵向应变 ε_x 之比值，即

$$k = \frac{\frac{\Delta R}{R}}{\varepsilon_x} \tag{3-18}$$

k 值不同于 k_0 值，它受敏感栅转弯处横向应变的影响，k 值一般由生产厂家标定后给出。k 值总是小于 k_0 值，因为敏感栅转弯处受横向应变 $\varepsilon_y = -\mu\varepsilon_x$ 的影响，所以应变片产生的是直栅与弯头两部分效应之和，在 k 值已知的情况下，被测应变可写成如下形式：

$$\varepsilon_x = \frac{1}{k} \cdot \frac{\Delta R}{R} \text{或} \frac{\Delta R}{R} = k\varepsilon_x \tag{3-19}$$

如果应变片是理想的转换元件，它就应只对其栅长方向的应变“敏感”，面在栅宽方向“绝对迟钝”。当材料产生纵向应变 ε_y 时，由于横向效应，将在其横向产生一个与纵向应变符号相反的横向应变 $\varepsilon_y=-\mu\varepsilon_x$，因此，应变片上横向部分的线栅与纵向部分的线栅产生的电阻变化符号相反，使应变片的总电阻变化量减小，此种现象称为应变片的横向效应，用横向效应系数 H 来描述。实际测定时，以一个单向应变分别沿栅宽 B 和栅长 L_s 方向作用于同批量中的两片应变片，所测得的电阻变化率之比作为该批应变片的横向效应系数。应当指出，横向灵敏度引起的误差往往是较小的，只要在测量精度要求较高和应变场的情况较复杂时才考虑修正。

4. 应变片的工作特性

除应变片的灵敏系数 k 和横向效应系数 H 外，衡量应变片工作特性的指标还有以下几种。

1) 应变片的尺寸

顺着应变片轴向敏感栅两端转弯处内侧之间的距离称为栅长(或叫标距)，以 L_s 表示。敏感栅的横向尺寸称为栅宽，以 B 表示。$L_s \times B$ 称为应变片的使用面积。应变片的基长 L_j 和宽度 W 要比敏感栅大一些。在可能的条件下，应当尽量选用栅长大一些、栅宽小一些的应变片。

2) 应变片的电阻值

应变片的电阻值，是指应变片在没有粘贴、未受力时、在室温下所测定的电阻值。应变片的标准名义电阻值最常用的有 60Ω、120Ω、200Ω、350Ω、500Ω、1000Ω 等系列，出厂时，提供每包应变片电阻的平均值及单个电阻值与平均电阻值的最大偏差。在相同的工作电流下，应变片的 R 越大，允许的工作电压越大，可以提高测试灵敏度。

3）机械滞后量（Z_f）

在恒定温度下，对粘贴有应变片的试件进行加卸载实验，将各应力水平下应变片加卸载时所指示的应变量的最大量值作为该批应变片的机械滞后量Z_f。机械滞后主要是由敏感栅、基底和黏结剂在承受应变后留下的残余应变所致。在测试过程中，为了减少应变片的机械滞后给测量结果带来的误差，可对新粘贴应变片的试件反复加卸载3～5次。

4）零点漂移（P_d）和蠕变（θ）

在温度恒定、被测试件不受力的情况下，试件上应变片的指示应变随时间的变化称为零点漂移（简称零漂）。如果温度恒定，应变片承受恒定的机械应变时，应变随时间的变化称为蠕变。零漂主要是由应变片的绝缘电阻过低、敏感栅通电流后的温度效应、黏结剂固化不充分、制造和粘贴应变片过程中造成的初应力及仪器的零漂或动漂等所造成的。蠕变主要是由胶层在传递应变开始阶段出现的“滑动”所造成的。

5）应变极限

在室温条件下，对粘贴有应变片的试件加荷载，使试件的应变逐渐增大，应变片的指示应变与机械应变的相对误差达到规定值（一般为10%）时的机械应变即为应变片的应变极限，用ε_i表示，认为此时应变片已失去工作能力。

6）绝缘电阻（R_m）

绝缘电阻R_m是指敏感栅及引线与被测试件之间的电阻值，常作为应变片黏结程度和是否受潮的标志。绝缘电阻下降会带来零漂和测量误差，特别是不稳定的绝缘电阻会导致测试失败。所以，重要的是采取措施保持其稳定，这对于用于长时间测量的应变片极为重要。

7）疲劳寿命（N）

疲劳寿命N是指粘贴有应变片的试件在恒定幅值的交变应力作用下，应变片连续工作，直至产生疲劳损坏时的循环次数，通常可达10^6～10^7次。

8）最大工作电流

最大工作电流是允许通过应变片而不影响其工作特性的最大电流，通常为几十毫安。静态测量时，为提高测量精度，通过应变片的电流要小一些；短期动态测量时，为增大输出功率，电流可大一些。

5. 应变片的选用

在电阻应变测量时，应变片的选择主要根据工作环境、被测材料的材质、被测试件的应力状态和应变性质及所需的测量精度而定。

1) 根据工作环境选用

应尽量选择适合测试温度范围内的应变片，因为明显超出应变片的工作温度范围时，应变片的正常工作特性将不能保证。地下工程的现场往往比较潮湿，对应变片的性能影响很大，常会造成零漂增大和灵敏度下降，由此产生误差。因此，在潮湿环境中，应使用防潮性能好的胶基应变片，并应采取如涂敷防潮剂等适当的防潮措施。

2) 根据被测物的材料性质选用

在弹性模量较高的均匀介质上测量时，可选用基长较小的应变片，以提高测量精度，在粗晶粒的岩石、混凝土等不均匀介质上测量时，则应选用基长较长的应变片，一般基长应大于最大颗粒粒径 4 倍以上。

3) 根据被测试件的受力状态和应变性质选用

在应变梯度较大的区域内测量时，可选用基长较小的应变片，当应变梯度较小且又均匀时，可选用中基长的应变片。对用于长期观测的应变片，可选择具有较高耐久性和稳定性的应变片，通常用胶基、箔式应变片。对用于长期动荷载作用的应变测量，应选用电阻值大、基长相对较短的疲劳寿命应变片，前者有利于提高信噪比，后者有利于提高频率响应特性。而对于静态应变测量而言，温度变化是产生误差的重要原因，选用温度自补偿片可减少由此带来的误差，但费用会增大。在测量平面应变时，可采用应变花，如果测量精度要求比较高，则应采用横向效应小的短接式应变花。

4) 根据测量精度选用

在一般测量中，可选用价格低、粘贴方便的纸基应变片，精度要求较高时，应采用长期稳定性和防潮性较好的胶基应变片。当测试线路中包括切换开关、集电器及其他电阻变化随机源时，选用高阻值的应变片可提高信噪比，从而提高测试精度。静态测量或使用动态应变仪电标定的动态测量，应尽量选用工作电阻为 120Ω 的应变片，否则，测得的应变值要加以修正。

3.2.2　应变仪

应变仪是将应变电桥的输出信号转换和放大，最后用应变的标度指示出来或输出相应的信号推动显示和记录仪器。电阻应变仪具有灵敏度高、稳定性好、测试简便、精确可靠且能做多点较远距离测量等特点。作为应变片及拉压力传感器、压强(液压)传感器、位移和加速度传感器等应变式传感器的二次仪表，可进行相应物理量的测试。

1. 应变仪的分类和特点

按应变仪的工作频率范围分为静态电阻应变仪、动态电阻应变仪和超动态应变片。

1) 静态电阻应变仪

静态电阻应变仪用来测量不随时间变化和一次变化后能相对稳定或变化十分缓慢的应变。图 3-7 是 YJ-5 型手动平衡式静态电阻应变仪原理图，它以载波调幅方式工作，采用双桥零读法，即粘贴在待测构件上的应变片及补偿片接入应变仪组成测量桥，仪器内设有读数桥装置，读数盘的各旋钮即为读数桥的桥臂。它可调节读数的大小，当构件受力后，引起应变片电阻值的相应变化，经来自振荡器的载波进行调幅，此时，测量桥将由应变片引起的相对电阻变化转换为微弱的电压信号，即输出一个振幅与应变成正比的振幅波再经放大器放大(放大 6×10^4 倍)和相敏检波器载波解调后送到平衡指示仪，表头再有偏转指示，此时可调节读数桥的桥臂读数盘旋钮，使表头指示回零，则可读出相应的应变数值。静态电阻应变仪主机每次只能测量一个点，进行多点测量时，需选配一个预调平衡箱。各传感器和箱内电阻一起组桥，并进行预调平衡。预调和实测时，另配一个手动或自动的多点转换开关，依次接通测量。常用的 P20R 型预调平衡箱可做 20 个测点实验，多个预调平衡箱组合时，也可进行 20 个测点以上的测量，但测试过程全靠手动操作。在测点多达几百个时，需要自动化的数字静态电阻应变仪配自动平衡转换箱来进行测量。

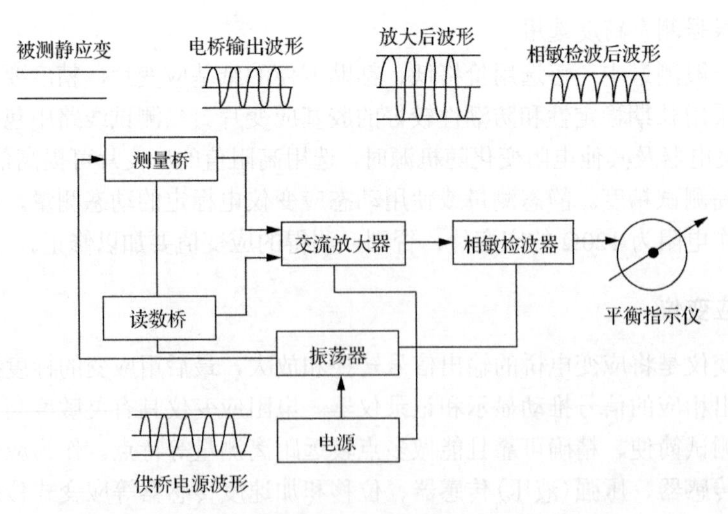

图 3-7　YJ-5 型手动平衡式静态电阻应变仪原理图

2) 动态电阻应变仪

动态电阻应变仪可与各种记录器配合测量动态应变，测量的工作频率可达0～2kHz，可测量周期或非周期的动态应变。图3-8是YD-15型动态电阻应变仪的原理图，采用载波电桥，放大器具有深度交直流负反馈。为了从放大器输出的调制信号中检出应变信号，采用电桥调制及负载相对应的低阻相敏检波器来鉴别信号的大小和方向。低阻相敏检波器消耗功率较大，因此，前置一缓冲级功率放大，经滤波后输出给记录器。稳压电源用24V直流电压。动态电阻应变仪通常有几个通道，每个通道具有电桥、放大器、相敏检波器和滤波器等。用零位法进行测量，具有灵敏度高、频响宽、稳定性好、应变测量输出大的特点，具有低阻抗电流输出、较高阻抗电压输出的优点，便于连接各种光线示波器、磁带记录器和函数记录仪，也可经模数转换器输入计算机。

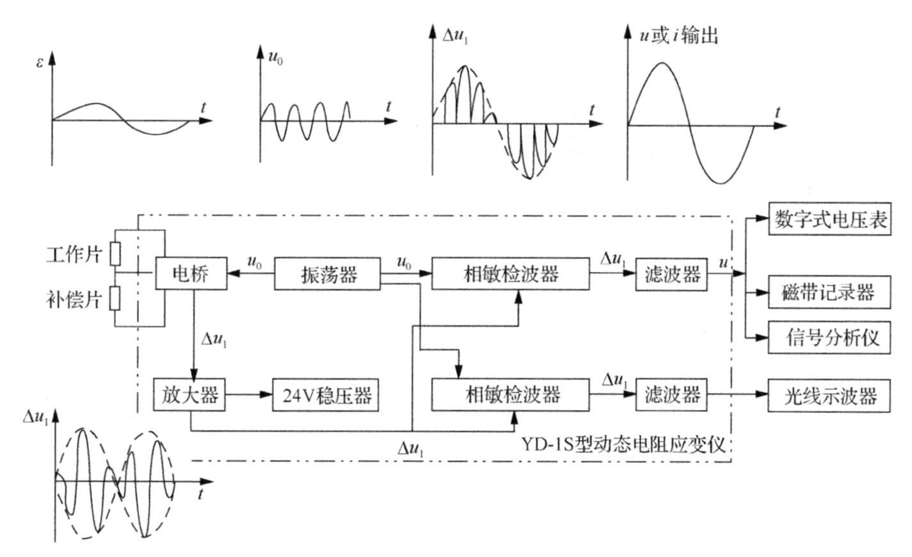

图3-8　YD-15型动态电阻应变仪的原理图

u_0-输出电压；Δu_1-调幅电压

此外，还有测量冲击、爆破震动等变化非常剧烈的瞬态过程的超动态电阻应变仪，以及以测量静态应变为主，也可测量频率较低的动态应变的静-动态电阻应变仪。

2. 电标定

动态电阻应变仪中设有专用的电标定电桥，可产生若干标准的应变值，根据标准应变值下的输出来标定应变与应变仪输出之间的关系。电标定电桥的工作原理如下：当变形使应变片产生 $\Delta R=k\varepsilon R$ 的电阻应变时，为了模拟这种变化，在应变片 R 上并联大阻值电阻 R_P，使并联后与并联前相比也产生 ΔR 的变化，这种在桥臂上并联大阻值电阻来模拟试件变形的方法称为内标定或电标定。例如，内置 100με(με 表示微应变)，实际上是将 R_P=600kΩ 的电阻并联到 120Ω 的测量应变片上，则这个臂的电阻值减小量为

$$\Delta R = 120 - \frac{120R_P}{120+R_P} = 0.024(\Omega) \tag{3-20}$$

而灵敏系数为 2、电阻值为 120Ω 的应变片，在 100με 的作用下产生的电阻变化为

$$\Delta R = k\varepsilon R = 2\times 1000\times 10^{-6}\times 120 = 0.24(\Omega)$$

即在上述情况下，将 R_P=600kΩ 的电阻并到 120Ω 的测量应变片上与构件变形使应变片产生 100με 是等效的。

实际中，应变仪的电标定是在桥臂上备有一系列的精密电阻，根据需要并接其中之一，以便给出一系列的内标定值，如 YD-15 型动态电阻应变仪可给出±50με、±100με、±300με、±1000με、±3000με 的内标定值。

3. 应变仪使用中的问题

应变仪使用中，除了用专用桥盒接桥外，还应注意如下几点。

1) 最佳负载匹配

应变仪必须按设计负载阻抗值接入负载，如 YD-15 型动态电阻应变仪输出端输出阻抗为 2～5Ω，后接光线示波器等记录仪，其高阻输出为 1kΩ，可与磁带记录器、信号分析仪、函数记录仪、数字式电压表相连接，也可经模数转换器接入计算机。

2) 衰减器的使用

衰减器的作用是扩大仪器的测量范围，保证放大器工作在线性区，而且与磁带记录器或信号分析仪等输出设备配合使用，以获取恰当大小的、精确度高的测量信号。

3) 标定装置及使用

标定装置可提高模拟的标准应变信号，作为求取标定常数的标准尺度。但标定信号值是在所使用的应变片 R=120Ω、k=2、电桥单臂工作、电桥引出线 5m 以内定度的。实测时，若不满足标定装置的定度条件，则要对以上标定常数 ε_0 计算的应变值 ε 进行修正。其真实应变值 ε 为

$$\varepsilon=\varepsilon_0\left(\frac{2}{k}\cdot\frac{1}{\alpha_{\mathrm{a}}}\cdot\frac{1}{A_k}\cdot\beta_{\mathrm{b}}\right) \tag{3-21}$$

式中 α_{a}、β_{b} 为厂家给出的应变片阻值修正系数和常导线修正系数；A_k 为工作桥臂系数；k 为灵敏系数不等于 2 的应变片的灵敏系数。

如果用另外的专用标定装置(外标定)，其标定条件又与实测条件相同(如同样的应变片、应变仪及衰减挡、记录仪及导线等)，则标定结果不必修正。

3.3　数字图像相关测位移技术

3.3.1　数字图像相关理论简介

目前进行深部巷道围岩变形破坏相似模拟实验中对应变的测量方法多以接触式为主，在材料表面粘贴应变片，进行应变片应变信息的采集。此种方法操作简单，但相似材料本身强度较小，容易脱落，在实验过程中应变片与材料产生的轻微变形、离层、裂隙会使应变片与材料变形不一致，导致测量结果出现较大误差甚至错误。单个应变片只能测量一个点、一个方向的应变，若想获得更多的数据，就要粘贴大量的应变片，费时费力且成本较高，因此采用新型的非接触式位移应变测试方法是非常必要的。

在非接触式位移应变测量中采用数字图像相关(digital image correlation, DIC)技术是一种行之有效的方法，该方法又称作数字散斑相关方法(digital speckle correlation method, DSCM)，其基于计算机视觉技术，实现图像的测量。使用该技术时，需在被测物体表面布置随机分布的斑点，这些人工或自然存在的随机斑点作为变形信息的载体，实现对被测物表面全场的位移与应变测量与分析。

数字图像相关技术与接触式位移和应变测量相比具有显著的优点，通过对被测物表面的实时测量，可以得到被测物表面全场的位移、应变等信息。同时全场任意位置的变形与应变信息均可采集与提取。

通过对变形前后的图像的分析，进行跟踪点的计算即可得到被测物表面的变形信息，基本原理如图 3-9 所示。在图中待测点 $P(x, y)$ 周边选取图像子区为 $M\times N$ 像素，变形后确定图像子区在图像中的位置，根据相关函数与最小平方距离确定相似程度，匹配过程由行数搜索与极值匹配完成。进行相关系数搜索后目标图像的子区在原来图像中的位置就可以确定。连续进行子区中心点位移矢量求解，最终即可得到整个分析区域的位移场情况。

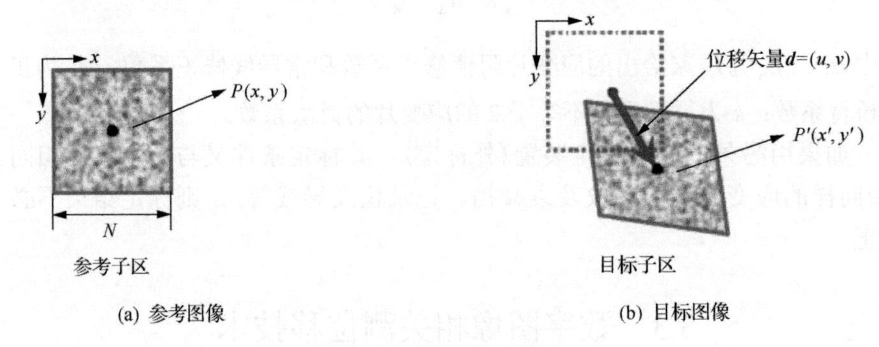

图 3-9 参考与目标图像子区间示意图

如图 3-10 所示，位移分析示意图中，变形前参考子区中心点为 $P(x_0, y_0)$，其附近任意点为 $Q(x_i, y_i)$；变形后中心点为 $P'(x_0', y_0')$，其附近任意点为 $Q'(x_i', y_i')$。

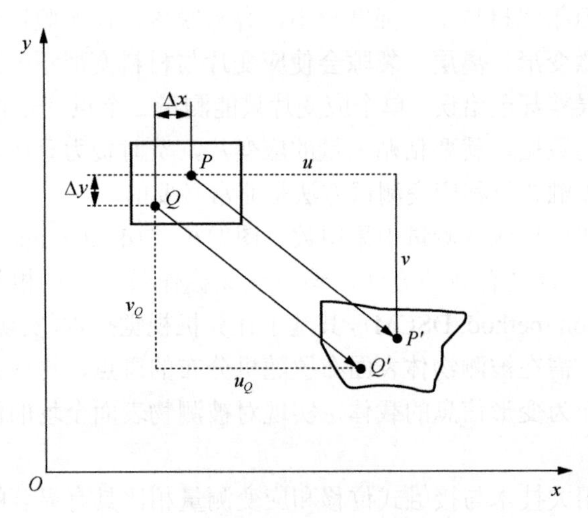

图 3-10 位移分析示意图

对于点 P':

$$\begin{aligned} x_0' &= x_0 + u \\ y_0' &= y_0 + v \end{aligned} \tag{3-22}$$

式中，u、v 分别为点 P'的位移在 x、y 轴的分量。

对于点 Q':

$$
\begin{aligned}
x_i' &= x_i + u_Q \\
y_i' &= y_i + v_Q
\end{aligned}
\tag{3-23}
$$

式中，u_Q、v_Q 分别为点 Q'的位移在 x、y 轴的分量。

点 Q 在变形前后的灰度为

$$
\begin{aligned}
f(Q) &= f(x_i, y_i) \\
g(Q') &= g(x_i', y_i')
\end{aligned}
\tag{3-24}
$$

式中，f 为变形前图像灰度分布；g 为变形后图像灰度分布。

如有

$$
\begin{aligned}
u_Q &= u + u_x \Delta x + u_y \Delta y \\
v_Q &= v + v_x \Delta x + v_y \Delta y \\
\Delta x &= x_i - x_0 \\
\Delta y &= y_j - y_0
\end{aligned}
\tag{3-25}
$$

定义式中未知量为 $\boldsymbol{P}=[u,u_x,u_y,v,v_x,v_y]^{\mathrm{T}}$。为了定位位移矢量，需确定变形后目标子区与变形前参考子区的位移对应关系，因此引入相关判据 $C'(f,g)$ 作为反映两幅图像相似程度的数学指标。

$$
C'(f,g) = C'(x_i, y_i, x_i', y_i') = C'(\boldsymbol{P}) \tag{3-26}
$$

可知相关系数为 $\boldsymbol{P}$ 的函数，求解相关系数的最小值为

$$
\frac{\partial C'}{\partial \boldsymbol{P}_i} = 0 \tag{3-27}
$$

通过整像素搜索与亚像素搜索两个迭代算法可确定 $\boldsymbol{P}$ 值。经全场子区的搜索确定变形后的子区。

3.3.2　技术要点简介

二维数字图像相关计算关键点包括判据、形函数等，以下内容对其进行了简要介绍。

(1) 相关函数的作用为评价变形前后图像子区的相似性，其选取关系到运算精度与速度。目前相关函数主要有参数最小平方距离函数、互相关函数、最小平方阻力函数。

(2) 相关运算时形函数用来描述变形前后图像子区形状发生改变时其位移变形。

(3) 数字图像相关方法中的插值方法有双三次插值、多项式插值、双线性插值等，对图像进行插值可以得到图像亚像素位置的灰度和灰度梯度，进而获得亚像素位移测量精度。

(4) 位移搜索方法分为整像素位移与亚像素位移搜索两个步骤，进行数字图像相关分析时先假设变形后目标子区只发生刚体位移，在目标图像中逐点移动图像子区，寻找相关函数的最大或最小值确定整像素位移值。接着进行亚像素位移搜索确定亚像素位移。亚像素位移搜索方法中用牛顿-拉弗森(Newton-Raphson) 方法计算精度与稳定性都较好。

(5) 对得到的亚像素精确的全场位移进行数值微分得到应变场，将局部临近区域位移近似为一阶多项式，计算位移的一阶偏导得到应变值。

数字图像相关技术位移测量精度的外部影响因素包括散斑图的质量、试样表面的平整度、图像失真、噪声等，除此之外相关判据、形状函数、插值算法、子区尺度也会影响计算结果。因此，在实验过程中要注意这些影响因素，尽量提高数字图像位移相关测量位移的准确性。

第4章　实验数据处理技术

实验和监测的目的或是测定某个物理量的数值及其分布规律，或是探求两个物理量之间的相互关系。因此，需对测试得到的大量实验数据运用适当的力学理论和数学工具进行分析处理，以得到能真实地描述被测对象性质的物理参数或物理量与物理量之间变化规律的函数关系。实验数据大致分为两类：①单随机变量数据(如测定岩石试件抗压强度的重复实验)常用统计分析得到它的平均值及表征其离散程度的均方差。②多变量数据(如应力-应变关系等)则需建立它们的函数关系式。由初等数学知识可知，函数有三种表达方法：列表法、图形表示法和解析法。测试过程中人工读数、数字记录设备和计算机磁盘记录的数据文件往往是一系列的数据组，即为列表法的一种。由函数记录仪、绘图仪记录的实验曲线则为图形表示法。显然，列表法数据容易查找，图形表示法则更直观，容易把握其变化趋势。但从数值计算及应用的方便性来看，用解析法则更为方便，而且解析法有时还能从物理机理上进一步探讨其规律性。回归方法是利用实验数据建立解析函数形式的经验公式最基本的方法。

任何实验手段都有其局限性，反映在测试数据上就是必定存在着误差。因而有误差是绝对的，没有误差是相对的。把实验测得的数据经处理后，在得到物理量特征参数和物理量之间的经验公式的同时，再注明它的误差范围或精确程度，这才是科学的态度。

4.1　测 量 误 差

4.1.1　误差分类

测量值与真值之间的差叫作测量误差，它是由使用仪器、测量方法、周围环境、人的技术熟练程度和人的感官条件等的技术水平和客观条件的限制所引起的，在测量过程中它是不可能完全消除的，但可通过分析误差的来源、研究误差的规律来减小误差，提高精度，并用科学的方法处理实验数据，以达到更接近于真值的最佳效果。

1)随机误差

随机误差的发生是随机的，其数值变化规律符合一定的统计规律，通常符合正态分布规律。因此，随机误差的度量是用标准偏差。随着对同一物理量测量次数的增加，标准偏差的值变得越来越小，从而该物理量的值更加可靠。随机误差通常是由环境条件的波动及观察者的精神状态等测量条件引起的。

2）系统误差

系统误差是在一组测量中，常保持同一数值和同一符号的误差，因而系统误差有一定的大小和方向，它是由测量原理方法本身的缺陷、测试系统的性能、外界环境(如温度、湿度、压力等)的改变、个人习惯偏向等因素所引起的误差。有些系统误差是可以消除的，其方法是改进仪器性能、标定仪器常数、改善观测条件和操作方法及对测定值进行合理修正等。

3）粗大误差

粗大误差又称过失误差，它是由设计错误或接线错误，操作者粗心大意看错、读错、记错等造成的误差，在测量过程中应尽量避免。

4.1.2　精密度、准确度和精度

精密度表征在相同条件下多次重复测量中测量结果互相接近、互相密集的程度，它反映随机误差的大小。准确度表征测量结果与被测量真值的接近程度，它反映系统误差的大小。而精度则反映测量的总误差。

图 4-1 表达了这三个概念的关系。图中圆的中心代表真值的位置，各小黑点表示测量值的位置。图 4-1(a)表示精密度和准确度都好，因而精度也好的情况；图 4-1(b)表示精密度好，但准确度差的情况；图 4-1(c)表示精密度

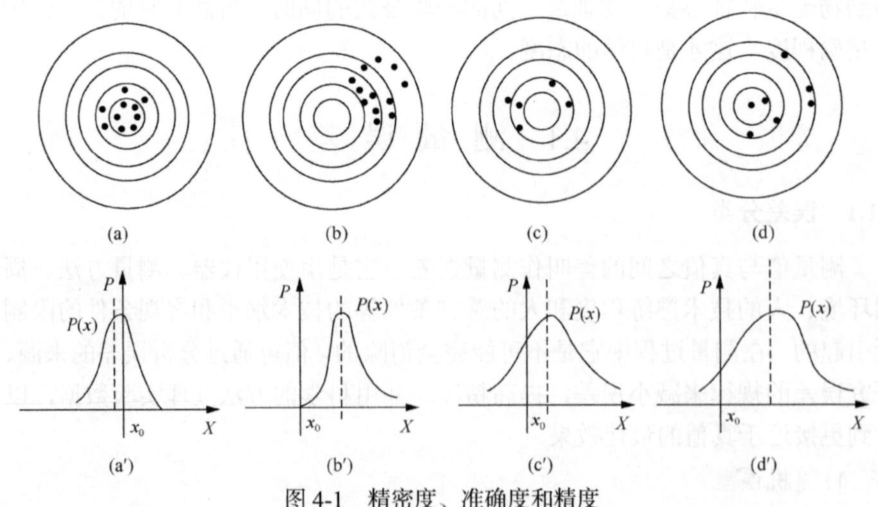

图 4-1　精密度、准确度和精度

$P(x)$-概率分布密度函数；x_0-真值

差，但准确度好的情况；图 4-1(d) 表示精密度和准确度都差的情况。图 4-1(a′)～(d′) 中还给出了概率分布密度函数的形状，以及其与真值 x_0 的相对位置。很显然，在消除了系统误差的情况下，精度和精密度才是一致的。

4.2　单随机变量的数据处理

4.2.1　误差估计

在测量过程中有误差存在，因此得到的测量结果与被测量的实际量之间始终存在着一个差值，即测量误差。若以 x_0 表示被测量的真值，x 为测量值，那么，测量误差 δ' 将等于测量值与真值之差。即

$$\delta' = x - x_0 \tag{4-1}$$

测量误差可正可负，其大小完全取决于 x 的大小，若不论其符号正负，而以绝对值表示其大小，即为绝对误差：

$$\delta = \left| x - x_0 \right| \tag{4-2}$$

则

$$x_0 = x \pm \delta \tag{4-3}$$

绝对误差只能用以判断对同一测量的测量精确度，对不同的测量，就较难比较它们的精确度，这需要借助于相对误差来判断。相对误差 ε 是绝对误差与测量值的比值：

$$\varepsilon = \frac{\delta}{x} \approx \frac{\delta}{x_0} \tag{4-4}$$

相对误差是一个没有单位的数值，常以百分数表示。测量值的相对误差相等，则其测量精确度也相等。

在实际测量中，测量误差是随机变量，因而测量值也是随机变量。真值无法测到，因而用大量的观测次数的平均值近似地表示，并对误差的特性和范围做出估计。

1. 算术平均值

当未知量 x_0 被测量 n 次，并被记录为 x_1，x_2，…，x_n，那么，$x_r = x_0 + e_r$，

式中，e_r是观测中的不确定度，它或正或负。n次测量的算术平均值$\bar{x}$为

$$\bar{x}=\frac{x_1+x_2+\cdots+x_n}{n}=x_0+\frac{e_1+e_2+\cdots+e_n}{n} \tag{4-5}$$

因为误差一部分为正值，一部分为负值，数值$(e_1+e_2+\cdots+e_n)$将很小，在任何情况下，它在数值上均小于各个独立误差的最大值。因此，如果e是测量中某一最大误差，则

$$[(e_1+e_2+\cdots+e_n)/n]\ll e \tag{4-6}$$

因此：

$$\bar{x}-x\ll e \tag{4-7}$$

所以，一般来说，$\bar{x}$将接近x_0值，并可以认为其是该物理量的最佳值。通常n越大，$\bar{x}$越接近x_0，应该指出，因为x_0是未知的，所以通常考查的是围绕平均值$\bar{x}$而不是x_0的分散程度。

2. 标准误差σ

平均值是一组数据的重要标志，它反映了测试量的平均状况。但仅用此值不能反映数据的分散情况。表示数据波动情况或分散程度的方法有很多种，最常用的是标准误差：

$$\sigma=\sqrt{\frac{\sum_{i=1}^{n}(x_i-\bar{x})^2}{n-1}} \tag{4-8}$$

式中，σ为标准差(或称样本均方差、标准离差)，它是方差的正平方根值。

显然，标准误差反映了测量值在算术平均值附近的分散和偏离程度。它对一组数据中的较大误差或较小误差反应比较灵敏。σ越大，波动越大；σ越小，波动越小。用它来表示测量误差(或测量精度)是一个较好的指标。

3. 变异系数C_v

如果两组同性质的数据标准误差相同，则可知两组数据各自围绕其平均数的偏差程度是相同的，它与两个平均数大小是否相同完全无关，而实际上考虑相对偏差是很重要的，因此，把样本的变异系数C_v定义为

$$C_{\mathrm{v}} = \frac{\sigma}{\overline{x}} \tag{4-9}$$

4.2.2　误差的分布规律

测量误差服从统计规律，其概率分布服从正态分布形式，随机误差方程式用正态分布曲线表示为

$$y = \frac{1}{\sigma\sqrt{2x}} \mathrm{e}^{\frac{(x_i - \overline{x})^2}{2\sigma^2}} \tag{4-10}$$

式中，y 为测量误差 $(x_i - \overline{x})$ 出现的概率密度。

图 4-2 是按式(4-10)画出来的误差概率密度图，由此可以看出误差值分布的四个特征。

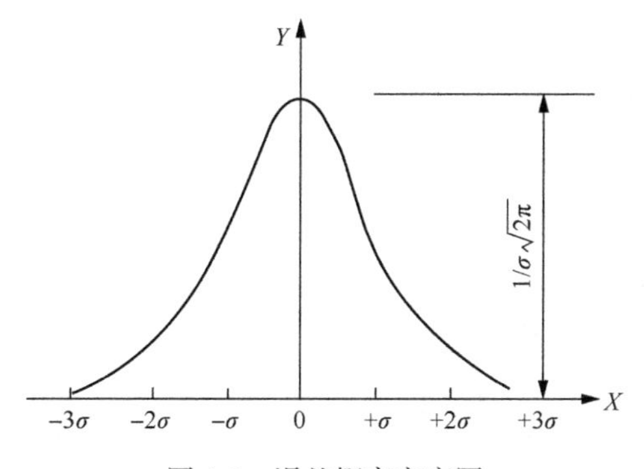

图 4-2　误差概率密度图

(1) 单峰值：绝对值小的误差出现的次数比绝对值大的误差出现的次数多。曲线形状似钟状，所以大误差一般不会出现。

(2) 对称性：大小相等、符号相反的误差出现的概率密度相等。

(3) 抵偿性：同条件下对同一量进行测量，其误差的算术平均值随着测量次数无限增大而趋于零，即误差平均值的极限为零。凡具有抵偿性的误差，原则上都可以按随机误差处理。

(4) 有界性：在一定测量条件下的有限测量值中，其误差的绝对值不会超过一定的界限。

计算误差落在某一区间内的测量值出现的概率，在此区间内将 y 积分即

可，计算结果表明：

(1) 误差在$-\sigma$与σ之间的概率为 68%；

(2) 误差在-2σ与2σ之间的概率为 95%；

(3) 误差在-3σ与3σ之间的概率为 99.7%。

一般情况下，99.7%已可认为代表多次测量的全体，所以把$\pm 3\sigma$叫作极限误差。因此，若将某多次测量数据记为$\bar{x} \pm 3\sigma$，则可认为对该物理量所进行的任何一次测量值，均不会超出该范围。

4.2.3 可疑数据的舍弃

在多次测量实验中，有时会遇到有个别测量值和其他多数测量值相差较大的情况，这些个别数据就是所谓的可疑数据。

对于可疑数据，可以利用正态分布来决定取舍。因为在多次测量中，误差在-3σ与$+3\sigma$之间时，其出现概率为 99.7%，也就是说，在此范围之外的误差出现的概率只有 0.3%，即测量 300 多次才可能遇上一次，于是对于通常只进行 10～20 次的有限测量，就可以认为超出的$\pm 3\sigma$误差，已不属于随机误差，应将其舍弃。如果测量了 300 次以上，就有可能遇到超出$\pm 3\sigma$的误差，因此，有的大的误差仍属于随机误差，不应该舍弃。由此可见，对数据保留的合理误差范围是同测量次数 n 有关的。

表 4-1 推荐了一种实验值舍弃标准，超过的可以舍去，其中 n 是测量次数，d_i是合理的误差限，σ是根据测量数据算得的标准误差。

表 4-1 实验值舍弃标准

n	5	6	7	8	9	10	12	14	16	18
d_i/σ	1.68	1.73	1.79	1.86	1.92	1.99	2.03	2.10	2.16	2.20
n	20	22	24	26	30	40	50	100	200	500
d_i/σ	2.24	2.28	2.31	2.35	2.39	2.50	2.58	2.80	3.02	3.29

使用时，先计算一组测量数据的均值$\bar{x}$和标准误差 σ，再计算可疑值 x_k 的误差$d = |x_k - \bar{x}|$与标准误差的比值，并将其与表 4-1 中的 d_i/σ 相比，若大于表中 d_i/σ 的值则应当舍弃，舍弃后再对下一个可疑值进行检验；若小于表中 d_i/σ 的值，则可疑值是合理的。

这种方法只适合误差只是由测试技术原因样本代表性不足的数据的处理，对现场测试和探索性实验中出现的可疑数据的舍弃，必须要有严格的科学依据，而不能简单地用数学方法来舍弃。

4.2.4　处理结果的表示

1. 例子

现在以一个例子来说明单随机变量的处理过程和表示方法。取自同一岩体的 10 个岩石试件的抗压强度分别为 15.2MPa、14.6MPa、16.1MPa、15.4MPa、15.5MPa、14.9MPa、16.8MPa、18.3MPa、14.6MPa、15.0MPa。对数据的分析处理如下所述。

(1) 计算平均值 $\overline{x}$：

$$\overline{x}=\frac{\sum_{i=1}^{10}x_i}{10}=\frac{156.4}{10}=15.64\approx 15.6(\text{MPa}) \tag{4-11}$$

(2) 计算标准误差 σ：

$$\sigma=\sqrt{\frac{\sum_{i=1}^{10}(x_i-\overline{x}_i)^2}{n-1}}=\sqrt{\frac{12.04}{9}}\approx 1.16(\text{MPa}) \tag{4-12}$$

(3) 剔除可疑值：第 8 个数据 18.3 与平均值的偏差最大，为可疑值。

$$\frac{d}{\sigma}=\frac{18.3-15.6}{1.16}\approx 2.33>\frac{d_{10}}{\sigma}=1.99 \tag{4-13}$$

故 18.3 应当剔除。

(4) 再计算其余 9 个值的算术平均值和标准误差：

$$\overline{x}=\frac{\sum_{i=1}^{9}x_i}{n}\approx 15.3(\text{MPa}) \tag{4-14}$$

$$\sigma=\sqrt{\frac{\sum_{i=1}^{9}(x_i-\overline{x})^2}{n-1}}=\sqrt{\frac{4.18}{8}}\approx 0.723 \tag{4-15}$$

在余下的数据中再检查可疑数据，取与平均值偏差最大的第 7 个数据 16.8：

$$\frac{d}{\sigma}=\frac{16.8-15.3}{0.723}\approx 2.075>\frac{d_9}{\sigma}=1.92 \tag{4-16}$$

故 16.8 应当剔除。

(5) 计算其余 8 个值的算术平均值和标准误差：

$$\overline{x} = \frac{\sum_{i=1}^{8} x_i}{n} \approx 15.2(\text{MPa}) \tag{4-17}$$

$$\sigma = \sqrt{\frac{\sum_{i=1}^{8}(x_i - \overline{x})^2}{n-1}} \approx \sqrt{\frac{1.79}{7}} \approx 0.506 \tag{4-18}$$

在余下的数据中再检查可疑数据，取与平均值偏差最大的第三个数据 16.1：

$$\frac{d}{\sigma} = \frac{16.1 - 15.2}{0.506} \approx 1.78 < \frac{d_8}{\sigma} = 1.86$$

故 16.1 这个数据是合理的。

(6) 处理结果用算术平均值和极限误差表示为

$$\sigma_{\text{c}} = \overline{x}_i \pm 3\sigma = 15.2 \pm 3 \times 0.506 = 15.2 \pm 1.518(\text{MPa}) \tag{4-19}$$

根据误差的分布特征，该种岩石的抗压强度在 13.68～16.72MPa 的概率是 99.7%，正常情况下的测试结果不会超出该范围。

2. 保证极限法

《建筑地基基础设计规范》(GB 50007—2011) 中对于重要建筑物的地基土指标规定采用保证极限法。这种方法是根据数理统计中的推断理论提出的。如上所述，在 $\overline{x} - k\sigma$ 区间内数据出现的概率与所取的 k 值有关。例如，k=2，相当于保证率为 95%，即在 $\overline{x} \pm 2\sigma$ 区间内数据出现的概率为 95%，依大子样推断区间估计的理论，k 值与抽样的子样个数 n 无关。在实际应用中，保证值不是用某一区间来表示，而是以偏于安全为原则来选取最大值或最小值。例如，承载力等指标采用最小值 $\overline{x} - k\sigma$，含水量等指标采用最大值 $\overline{x} + k\sigma$。对于采用最小值的指标来说，保证值表示大于该值的数据出现的概率等于所选取的保证率；对于采用最大值的指标来说，保证值表示小于该值的数据出现的概率等于所选取的保证率。显然，保证率越大，则采用值的安全度越大。根据随机误差的分布规律，可计算出 k 与保证率的关系，见表 4-2。

表 4-2　**k 值与保证率**

k	0.00	0.67	1.00	2.00	2.58	3.00
保证率/%	0.00	50.0	68.0	95.0	99.0	99.7

因此，在上例中，岩石抗压强度采用最小值，则：

(1) k=1，$\sigma_c = \bar{x} - \sigma = 15.3 - 0.786 \approx 14.5(\text{MPa})$，岩石抗压强度大于 14.5MPa 的保证率为 50%；

(2) k=2，$\sigma_c = \bar{x} - 2\sigma = 15.3 - 2 \times 0.786 \approx 13.7(\text{MPa})$，岩石抗压强度大于 13.7MPa 的保证率为 95%；

(3) k=3，$\sigma_c = \bar{x} - 3\sigma = 15.3 - 3 \times 0.786 \approx 12.9(\text{MPa})$，岩石抗压强度大于 12.9MPa 的保证率为 99.7%。

而对于含水率，则采用最大值，如果一组土样的含水率平均值为 $\bar{\omega} = 0.40$，标准误差为 $\sigma = 0.05$，则：

(1) k=1，$\omega = \bar{\omega} + \sigma = 0.40 + 0.05 = 0.45$，含水率小于 0.45 的保证率为 50%；

(2) k=2，$\omega = \bar{\omega} + 2\sigma = 0.40 + 2 \times 0.05 = 0.50$，含水率小于 0.50 的保证率为 95%；

(3) k=3，$\omega = \bar{\omega} + 3\sigma = 0.40 + 3 \times 0.05 = 0.55$，含水率小于 0.55 的保证率为 99.7%。

4.3　多变量数据的处理

在实验研究中，不但要测量随机变量的平均值和分布特性，更重要的是通过实验研究一些变量之间的相互关系，从而探求这些物理量之间相互变化的内在规律。对于这类两个以上变化着的物理量的实验数据处理，通常有如下三种方法。

1. 列表法

根据实验的预期目的和内容，合理地设计数表的规格和形式，使其具有明确的名称和标题，能够突出表示重要的数据和计算结果，有清楚的分项栏目、必要的说明和备注，实验数据易于填写等。

列表法的优点是简单易操作，数据易于参考比较，形式紧凑，在同一表内可以同时表示几个变量的变化而不混乱。缺点是对数据变化的趋势不如图解法明了直观。利用数表求取相邻两数据的中间值时，还需借助于插值公式进行计算。

2. 图形表示法

在选定的坐标系中，根据实验数据画出几何图形来表示实验结果，通常采用散点图。其优点是数据变化的趋势能够得到直观、形象的反映。其缺点是超过三个变量就难于用图形来表示，绘图含有人为的因素，同一原始数据因选择的坐标和比例尺的不同有较大的差异。

3. 解析法

也称方程表示法和计算法。就是通过对实验数据的计算，求出表示各变量之间关系的经验公式。其优点是结果的统一性克服了图解法存在的主观因素的影响。最简单的情况是对于两个或多个存在着统计相关的随机变量，根据大量有关的测量数据来确定它们之间的回归方程(经验公式)。这种数学处理过程也称为拟合过程。回归方程的求解包括以下两方面内容：

(1) 回归方程的数学形式的确定；

(2) 回归方程中所含参数的估计。

4.3.1 一元线性回归

通过测量获得了两个测试量的一组实验数据：(x_1, y_1)，(x_2, y_2)，…，(x_n, y_n)。一元线性回归分析的目的就是找出其中一条直线方程，它既能反映各散点的总的规律，又能使直线与各散点之间差值的平方和最小。

设欲求的直线方程为

$$y = a + bx \tag{4-20}$$

取任一点(x_i, y_i)，该点与直线方程所代表的直线在y方向的残差为

$$v_i = y_i - y = y_i - (a + bx_i) \tag{4-21}$$

残差的平方和为

$$Q = \sum [y_i - (a + bx_i)]^2 \tag{4-22}$$

欲使散点均接近直线，必须使残差的平方和Q极小，根据极值定理，当$\frac{\partial Q}{\partial a} = 0$、$\frac{\partial Q}{\partial b} = 0$时，$Q$取极小值，因而有

$$\frac{\partial Q}{\partial a}=0\text{；}\quad Na+b\sum x_i=\sum y_i \tag{4-23}$$

$$\frac{\partial Q}{\partial a}=0\text{；}\quad a\sum x_i+b\sum x_i^2=\sum x_i y_i \tag{4-24}$$

解得

$$b=\frac{\sum(x_i-\overline{x})(y_i-\overline{y})}{\sum(x_i-\overline{x})^2} \tag{4-25}$$

$$a=\overline{y}-b\overline{x} \tag{4-26}$$

求出 a 和 b 之后，直线方程就能确定了，这就是用最小二乘法求回归方程的方法。但是，还必须检验两个变量之间的相关密切程度，只有二者密切相关时，直线方程才有意义，现在进一步分析残差的平方和 Q:

$$Q=\sum[y_i-(a+bx_i)]^2=\sum[y_i-(\overline{y}-b\overline{x})-bx_i]^2 \tag{4-27}$$

将式(4-27)展开并简化后得

$$Q=\sum(y_i-\overline{y})^2-b^2\sum(x_i-\overline{x})^2 \tag{4-28}$$

测定值越接近于直线，Q 值越小，若 Q=0，全部散点落在直线上，则

$$\sum(y_i-\overline{y})^2=b^2\sum(x_i-\overline{x})^2 \tag{4-29}$$

令

$$r^2=\frac{b^2\sum(x_i-\overline{x})^2}{\sum(y_i-\overline{y})^2} \tag{4-30}$$

式中，r 为线性相关系数。

$r=\pm1$，即 Q=0，表示完全线性相关；r=0 表示线性不相关。因而 r 表示 x_i 与 y_i 之间的相关密切程度。但具有相同 r 的回归方程，其置信度与数据点数有关，数据点越多，置信度越高，见表 4-3。

表 4-3　相关系数检验表

自由度 (n–2)	置信度		自由度 (n–2)	置信度	
	5%	1%		5%	1%
1	0.997	1.000	18	0.444	0.561
2	0.950	0.990	22	0.404	0.515
3	0.878	0.959	26	0.374	0.478
4	0.811	0.917	30	0.349	0.449
5	0.754	0.874	35	0.325	0.418
6	0.707	0.834	40	0.304	0.393
7	0.666	0.798	45	0.288	0.372
8	0.632	0.765	50	0.273	0.354
9	0.602	0.735	60	0.250	0.325
10	0.576	0.708	70	0.232	0.354
11	0.553	0.684	80	0.217	0.283
12	0.532	0.661	90	0.205	0.267
13	0.514	0.641	100	0.195	0.254
14	0.497	0.623	125	0.174	0.228
15	0.568	0.606	150	0.159	0.208

另外，计算回归方程的标准差也可以估计其精度，并判断实验数据点中是否有可疑点需舍弃，对于一元线性回归方程，其标准误差为

$$\sigma = \pm\sqrt{\frac{Q}{n-2}} \tag{4-31}$$

因此，一元线性回归方程的表达形式为

$$y = a + bx \pm 3\sigma \tag{4-32}$$

若将离散点和回归曲线及上下误差曲线同时绘于图上，则落在上下误差曲线外的点必须舍去。

4.3.2　可线性化的非线性

在实际问题中，自变量与因变量之间未必总是有线性的相关关系，在某些情况下，可以通过对自变量作适当的变换把一个非线性的相关关系转化成线性的相关关系，然后用线性回归分析来处理。通常是根据专业知识列出函

数关系式，再对自变量作相应的变换。如果没有足够的专业知识可以利用，就要从散点图上去观察。根据图形的变化趋势列出函数式，再对自变量作变换。在实际工作中，真正找到这个适当的变换往往不是一次就能奏效的，需要做多次试算。对自变量进行变换的常用形式有以下六种：

$$x = t^2,\ x = t^3,\ x = \sqrt{t},$$

$$x = \frac{1}{t},\ x = \mathrm{e}^t,\ x = \ln t$$

既然自变量可以变换，那么能否对因变量 y 也作适当的变换呢？这需要慎重对待，因为 y 是一个随机变量，对 y 作变换会导致 y 的分布改变，即有可能导致随机误差项不满足服从零均值正态分布这个基本假定。但在实际工作中，许多应用统计工作者常常习惯于对回归函数 $y = f(x)$ 中的自变量 x 与因变量 y 同时作变换，以便使它成为一个线性函数。

4.3.3 多元线性回归

多元线性回归方程的数学模型为

$$y = \beta_0 + \beta_1 x_1 + \beta_2 x_2 + \cdots + \beta_m x_m \tag{4-33}$$

式中，$\beta_0, \beta_1, \beta_2, \cdots, \beta_m$ 为回归系数。

通过实验数据求出的回归系数只能是 β_i 的近似值 $b_j (j = 1, 2, \cdots, m)$。把估计值 b_j 作为方程式系数，就可得到经验公式，把 n 次测量得到的 x_{ij}($i = 1, 2, \cdots, n$ 为测量系数；$j = 1, 2, \cdots, m$ 为所含自变量的个数)代入经验公式，就可得到 n 个 y 的估计值 $\overline{y}_i$，即

$$\begin{cases} \overline{y}_1 = b_0 + b_1 x_{11} + \cdots + b_m x_{1m} \\ \overline{y}_2 = b_0 + b_1 x_{21} + \cdots + b_m x_{2m} \\ \qquad \cdots \\ \overline{y}_3 = b_0 + b_1 x_{31} + \cdots + b_m x_{3m} \end{cases} \tag{4-34}$$

通过相应的测量得到 n 个 y_i 值，根据剩余误差的定义，n 次测量的剩余误差为

$$v_i = y_i - \overline{y}_i, i = 1, 2, \cdots, n \tag{4-35}$$

则有误差方程式：

$$\begin{cases} y_1 = b_0 + b_1x_{11} + b_2x_{12} + \cdots + b_mx_{1m} + v_1 \\ y_2 = b_0 + b_1x_{21} + b_2x_{22} + \cdots + b_mx_{2m} + v_2 \\ \cdots \\ y_n = b_0 + b_1x_{n1} + b_2x_{n2} + \cdots + b_mx_{nm} + v_n \end{cases} \tag{4-36}$$

若想通过 n 次测量得到的数据 y_i 和 x_{ij} 求出经验公式中 m+1 的回归系数。即被求值有 m+1 个而方程式有 n 个，在实验测量中，通常 $n>m+1$，即方程式的个数多于未知数的个数，可利用最小二乘法原理，求出剩余误差平方和为最小的解，即使得

$$Q = \sum_{i=1}^{n} v_1^2 = \sum_{i=1}^{n}(y_i - \overline{y})^2 = \sum_{i=1}^{n}(y_i - b_0 - b_1x_{i1} - b_2x_{i2} - \cdots - b_mx_{im})^2 = \min \tag{4-37}$$

根据微分中的极值定理，当 Q 对多个未知量的偏导为 0 时，Q 才能达到其极值，故对 Q 求各未知量 b_j 的偏导并令其为 0，得

$$\frac{\partial Q}{\partial b_0} = -2\sum_{i=1}^{n}(y_i - \overline{y}_i) = 0 \tag{4-38}$$

$$\frac{\partial Q}{\partial b_j} = -2\sum_{i=1}^{n}(y_i - \overline{y}_i)x_{ij} = 0 \tag{4-39}$$

将式(4-39)展开得

$$\begin{cases} v_1 + v_2 + \cdots + v_n = 0 \\ x_{1j}v_1 + x_{2j}v_2 + \cdots + x_{nj}v_n = 0 \quad j = 1 \\ x_{1j}v_1 + x_{2j}v_2 + \cdots + x_{nj}v_n = 0 \quad j = 2 \\ \cdots \\ x_{1j}v_1 + x_{2j}v_2 + \cdots + x_{nj}v_n = 0 \quad j = m \end{cases} \tag{4-40}$$

误差方程式和式(4-40)可用矩阵形式写为

$$\boldsymbol{y} = \boldsymbol{xb} + \boldsymbol{v} \text{ 或 } \boldsymbol{v} = \boldsymbol{y} - \boldsymbol{xb} \tag{4-41}$$

$$\boldsymbol{x}^{\mathrm{T}} - \boldsymbol{v} = 0 \tag{4-42}$$

其中

$$\boldsymbol{y}=\begin{pmatrix} y_1 \\ y_2 \\ \vdots \\ y_n \end{pmatrix}$$

$$\boldsymbol{x}=\begin{pmatrix} 1 & x_{11} & x_{12} & \cdots & x_{1m} \\ 1 & x_{21} & x_{22} & \cdots & x_{2m} \\ \vdots & \vdots & \vdots & & \vdots \\ 1 & x_{n1} & x_{n2} & \cdots & x_{nm} \end{pmatrix}$$

$$\boldsymbol{v}=\begin{pmatrix} v_1 \\ v_2 \\ \vdots \\ v_n \end{pmatrix}$$

$$\boldsymbol{b}=\begin{pmatrix} b_0 \\ b_1 \\ b_2 \\ \vdots \\ b_m \end{pmatrix}$$

将式(4-41)代入式(4-42)可得

$$\boldsymbol{x}^{\mathrm{T}}(\boldsymbol{y}-\boldsymbol{x}\boldsymbol{b})=0 \tag{4-43}$$

即

$$\boldsymbol{x}^{\mathrm{T}}\boldsymbol{y}-\boldsymbol{x}^{\mathrm{T}}\boldsymbol{x}\boldsymbol{b}=0 \tag{4-44}$$

故：

$$\boldsymbol{x}^{\mathrm{T}}\boldsymbol{x}\boldsymbol{b}=\boldsymbol{x}^{\mathrm{T}}\boldsymbol{y} \tag{4-45}$$

即

$$\boldsymbol{b}=(\boldsymbol{x}^{\mathrm{T}}-\boldsymbol{x})^{-1}\boldsymbol{x}^{\mathrm{T}}-\boldsymbol{y} \tag{4-46}$$

求解方程，即可得到多元线性回归方程的系数的估计矩阵 $\boldsymbol{b}$，即经验常数 b_0，b_1，b_2，…，b_m。

为了衡量回归效果，还要计算以下几个变量。

(1) 偏差平方和 Q'：

$$Q'=\sum_{i=1}^{n}\left[y_i-(b_0+b_1x_{1i}+b_2x_{2i}+\cdots+b_mx_{mi})\right]^2 \tag{4-47}$$

(2) 平均标准偏差 s：

$$s=\sqrt{\frac{Q'}{n}} \tag{4-48}$$

(3) 复相关系数 r'：

$$r'=\sqrt{1-\frac{Q'}{d_{yy}}} \tag{4-49}$$

式中，$d_{yy}=\sum_{i=1}^{n}(y_i-\overline{y})^2$；$\overline{y}=\sum_{i=1}^{n}\frac{y_i}{n}$。

(4) 偏相关系数 V：

$$V_i=\sqrt{1-\frac{Q'}{Q_i'}}，\quad i=1,2,\cdots,m \tag{4-50}$$

式中

$$Q_i'=\sum_{i=1}^{n}\left[y_i-\left(a_0+\sum_{\substack{i=1\\k=\pm j}}^{n}a_kx_{ki}\right)\right]^2 \tag{4-51}$$

当 V_i 越大时，说明对于 y 的作用越显著，此时不可把 x_i 剔除。

4.3.4 多项式回归

多项式回归方程的数学模型为

$$Y=\beta_0+\beta_1x+\beta_2x^2+\cdots+\beta_mx^m \tag{4-52}$$

其中，$m>2$，自变量与因变量 Y 之间的相关关系为

$$Y=(\beta_0+\beta_1x+\beta_2x^2+\cdots+\beta_mx^m)+\varepsilon' \tag{4-53}$$

式中，ε' 为随机误差。

对自变量 x 作变换，令

$$x_j=x^j,\ j=1,2,\cdots,m \tag{4-54}$$

由此可得

$$Y=(\beta_0+\beta_1x_1+\beta_2x_2+\cdots+\beta_mx_m)+\varepsilon' \tag{4-55}$$

这是一个 m 元回归分析问题。

这样，多项式回归问题就转化为多元线性回归问题，多元线性回归方程的系数即为多项式回归方程的系数。

第5章　离散元数值实验法

离散元法用于深部地下工程非连续岩体有其独特的优势。岩体中每个岩块之间存在节理、裂隙等，使得整个岩体成为不完全连续体。离散元法的基本原理是基于牛顿第二运动定律。离散元法假设被节理裂隙切割的岩块是刚体，岩块按照整个岩体的节理裂隙互相镶嵌排列，在空间中每个岩块有自己的位置并处于平衡状态。当外力或位移约束条件发生变化，块体在自重和外力作用下将产生位移(移动和转动)，则块体的空间位置就会发生变化，进而导致相邻块体受力和位置的变化，甚至导致块体互相重叠。随着外力或约束条件的变化或时间的延续，有更多的块体发生位置的变化和互相重叠，从而模拟各个块体的移动和转动，直至岩体破坏。离散元法在边坡、围岩和矿井稳定等岩石力学问题中得到了广泛应用。此外，颗粒离散元还被广泛地应用于研究复杂物理场作用下粉体的动力学行为和多相混合材料介质或具有复杂结构材料的力学特性。它涉及粉末加工、研磨技术、混合搅拌等工业加工领域和粮食等颗粒离散体的仓储和运输等实际生产领域。

5.1　离散元法概述

5.1.1　离散元法的发展历史

离散元法是一种新兴的数值计算方法，尽管该方法从提出至今仅 30 余年，但它发展迅速，充满活力，其理论成果已广泛应用于工程计算与科学研究中。

离散元法的思想源于较早的分子动力学(molecular dynamics, MD)，其主要思想是把整个介质看作由一系列离散的独立运动的粒子(单元)所组成的系统，单元本身具有一定的几何(形状、大小、排列等)、物理和化学特征。单元运动受经典运动方程控制，整个介质的变形和演化由各单元的运动和相互位置来描述。1971 年，Cundall 首次提出了离散元法，最初它的研究对象主要是岩石等非连续介质的力学行为。1979 年，Cundall 和 Strack 又提出适用于土力学的离散元法，并开发了二维圆盘单元程序 BALL 和三维圆球单元程序 TRUBAL (后发展成商业软件 PFC-2D/3D)，形成较系统的模型与方法，被称为软颗粒模型。1980 年，Campbell 提出了硬颗粒模型并用于分析剪切流。1989 年，英国阿斯顿(Aston)大学 Thornton 引入 Cundall 的 TRUBAL 程序，从发展颗粒接触模型入手对程序进行了全面改造，形成了 TRUBAL- Aston 版，后定名为 GRANULE，它完全符合弹塑性圆球接触的力学原理，能模拟干湿、弹塑性和两相流问题。另外，英国萨里(Surrey)大学的 Tuzun 研究组、利兹(Leeds)大学的 Ghadiri 研究组、斯旺西(Swansea)大学的 Owen 研究中心等对离散元法也进行了较为深入的研究。法国科学家在散体实验方面(如土力学和谷物储运过程)的研究比较突出。荷兰、德国、加拿大、澳大利亚和日本等国对离散元法的完善和发展也做出了贡献。

离散元法在我国起步较晚，但是发展迅速。王泳嘉于 1986 年首次向我国岩石力学和工程界介绍了离散元法的基本原理及几个应用例子。此后，离散元法在边坡、围岩和矿井稳定等岩石力学问题中得到了广泛应用。目前，我国有许多高校和科研院所从事离散元法的研究和应用工作，成果显著。

5.1.2　离散元法的发展现状

离散元法的突出优势是能够方便地处理非连续介质力学问题，主要应用领域集中在岩土工程和粉体(颗粒散体)工程两个方面。

在岩土计算力学方面，离散元法能更真实地表达节理岩体的几何特点，便于处理非线性变形和破坏都集中在节理面上的岩体破坏问题，因此被广泛应用于模拟边坡、滑坡和节理岩体地下水渗流等力学行为。离散元法还可以在颗粒体模型的基础上通过随机生成方法建立具有复杂几何结构的模型，并通过单元间多种连接方式来体现土壤等多相介质间的不同物理关系，从而更有效地模拟土壤开裂、分离等非连续现象，成为分析和处理岩土工程问题的有效方法。

近年来，离散元法已经扩展到用于研究连续介质向非连续介质转化的力学问题中来。例如，混凝土等脆性材料可视为连续介质，在冲击作用下将会产生损伤和破坏，其实质是力学模型从连续体到非连续体的转变过程。建立在传统的连续介质力学基础上的有限元法等数值计算方法难以直接用于计算和模拟材料具体的破坏形式和破坏的全过程，而离散元法在这方面则具有得天独厚的优势，有进一步发展的广阔空间。

松散介质(如砂体)中的颗粒位移是通过接触点相互作用而发生的。这种介质的离散特点决定了它在加、卸载过程中所表现出来的复杂特性，因此至今尚未建立起满意的本构模型，建立或验证本构关系需要进行大量的物理实验。然而，松散介质内部的应力很难直接测量，只能根据边界条件等估算，因此给试验结果的解释带来了很多困难。新的实验手段(如 X 射线成像技术)虽然已能够测量应变，但尚不能直接测量砂体中的应力等。

由于颗粒介质内部的应力无法直接测定，人们只能建立松散介质的简化模型，以便能够计算其内部的应力和位移。其中最常用的模型是把颗粒视做圆盘或球状，用来解析、实验或数值模拟。目前用于解析的颗粒体一般是等直径和规则排列的，复杂排列和不等直径堆积体很难求解。如果应用物理实验法，理论上尽管能够精确地确定各圆盘或球颗粒之间的接触力和位移，但是该方法费用高，所需时间长。然而从应用角度考虑，数值模拟比解析方法更为灵活和通用，这种数值模拟实验能够得到任何阶段的数据，这是物理模拟所无法比拟的。数值模拟的灵活性和通用性还表现在模拟加载方式、颗粒的尺寸和分布、颗粒的物理力学性质及可以大量重复“实验”等多方面的便利。

5.1.3 离散元法的基本思路

应用有限元法解决连续介质力学问题时，众所周知必须满足平衡方程、变形协调方程和本构方程，以及应力和位移边界条件。对于离散元法而言，其把每个散体颗粒作为一个单元，介质一开始就假定为散体集合，因此散体颗粒之间没有变形协调的约束，但平衡方程必须满足。

如果两个离散单元的边界相互“叠合”，就会产生接触力。这里所谓的“叠合”是指单元间的重叠部分，可通过“叠合”量计算接触力，如 Cundall 将它乘上一个比例系数作为接触力的一种度量。单元接触时的“叠合”量(接触深度)和接触力的关系就相当于物理方程，它可以是线性的，也可以是非线性的。

如果体系中的一个单元所受合力和合力矩不等于零，则不平衡力和不平衡力矩将使单元发生运动，这时牛顿第二运动定律可用于描述单元的运动。但单元的运动不是完全自由的，它会遇到相邻单元的阻力。计算按照时步并遍历整个散体集合进行迭代，直到每一个单元都不再出现不平衡力和不平衡力矩为止。

根据散体颗粒的形状不同，单元类型可分为颗粒元(二维圆盘与三维球体)与块体元(多边形且多面体)两大类。与有限元法不同，在离散元法中，散体体系中的每个单元的运动用独立的动量原理和动力学原理来描述，也就是说，每个单元的运动可独立求解，不是耦联的。这就使得离散元法可以不必满足连续介质力学要求的变形协调关系，因而可以模拟散体材料的大变形特征。

针对一个散体体系，假设从 t 时刻开始，t 时刻所有粒子的位置及速度都是已知的，那么 $t+\Delta t$ 时刻所有粒子的位置和速度可以按下述步骤计算：

(1) 针对体系中的每个颗粒，运用接触发现算法寻找与该颗粒接触的颗粒。对于粒子数目较多的大型体系，为了提高计算效率，宜采用二级接触发现策略，即首先判别每个颗粒潜在的“邻居”颗粒；其次，再准确判别颗粒间是否存在接触，并计算接触深度、接触点及接触法向向量等接触信息。

(2) 根据接触信息及颗粒的材料参数计算接触力，并把接触力施加给对应的接触颗粒，如果一个颗粒与多个颗粒接触，那么应对所有接触力求和。

(3) 运用牛顿第二运动定律确定所有颗粒的加速度，然后采用显式的数值计算策略，对加速度进行积分，得到所有颗粒在 $t+\Delta t$ 时刻的位置和速度。

在上述方法中假设速度和加速度在每个时间步长 Δt 内为常量，并且假设选取的时间步长应该足够小，使得在单个时间步长内颗粒间扰动的传播不会超过当前与之相邻的颗粒。因为离散元法采用了显式的数值计算策略，逐个监测接触颗粒间的相互作用及运动，所以可以模拟大体系颗粒间的非线性相互作用。

5.2　块体离散元法

5.2.1　多边形单元离散元法

顾名思义，多边形单元离散元法是将所研究的区域划分成一个个独立的多边形块体单元，随着单元的平移和转动，允许调整各个单元之间的接触关系。最终，块体单元可能达到平衡状态，也可能一直运动下去。本节主要介绍刚性块体模型，块体可以是任意多边形。刚性假设对于应力水平比较低的问题是合理的。

1. 接触力计算模型

多边形单元之间的接触方式包括：角-角接触、角-边接触与边-边接触，因而多边形单元离散元法的接触力计算模型(力-位移关系)较圆盘单元与球形单元复杂得多。对多边形单元的接触力计算，通常采用简化的计算模型，可采用 Cundall 介绍的方法，该方法与 Cundall 多面体单元接触力计算模型基本相同，只需要把三维问题转换为二维问题即可(即从 6 个自由度变为 3 个自由度，见下节)。本节介绍 Kun 与 Herrmann 等针对多边形单元接触力的计算方法，只给出结果，详细推导可参阅相关文献。

图 5-1 为两个处于接触状态的多边形单元 i 与 j，φ_0 为单元 i 与 j 间的夹角，φ_z^i 为单元 i 的转角，φ_z^j 为单元 j 的转角。把两个多边形交点的连线 P_1P_2 的法向作为接触法向力的方向，单位法向量为 $\boldsymbol{n}$，单位切向量为 $\boldsymbol{t}$，则接触力 $\boldsymbol{F}_{\mathrm{c}}^{ij}$ 可表示为

$$\boldsymbol{F}_{\mathrm{c}}^{ij} = \boldsymbol{F}^{\mathrm{N},ij} + \boldsymbol{F}^{\mathrm{T},ij} \tag{5-1}$$

式中，$\boldsymbol{F}^{\mathrm{N},ij}$ 与 $\boldsymbol{F}^{\mathrm{T},ij}$ 分别为法向和切向接触力，两个力的幅值可分别由式(5-2)和式(5-3)计算，即

$$\left|\boldsymbol{F}^{\mathrm{N},ij}\right| = -\frac{E_{\mathrm{p}} A_{\mathrm{p}}}{l_{\mathrm{c}}} - m_{\mathrm{eff}}^{ij} r^{\mathrm{N}} \boldsymbol{v}_{\mathrm{rel}}^{\mathrm{N}} \tag{5-2}$$

$$\left|\boldsymbol{F}^{\mathrm{T},ij}\right| = -\min\left(m_{\mathrm{eff}}^{ij} r^{\mathrm{T}} \left|\boldsymbol{v}_{\mathrm{rel}}^{\mathrm{T}}\right|,\ \mu\left|\boldsymbol{F}^{\mathrm{N},ij}\right|\right) \tag{5-3}$$

式中，r^{N} 与 r^{T} 分别为法向和切向阻尼系数；E_{p} 为颗粒材料的弹性模量；μ 为颗粒材料的泊松比；A_{p} 为两个多边形的重叠面积；$\boldsymbol{v}_{\mathrm{rel}}^{\mathrm{N}}$ 与 $\boldsymbol{v}_{\mathrm{rel}}^{\mathrm{T}}$ 分别为相对速度矢量 $\boldsymbol{v}_{\mathrm{rel}}$ 在法向与切向分量的幅值。

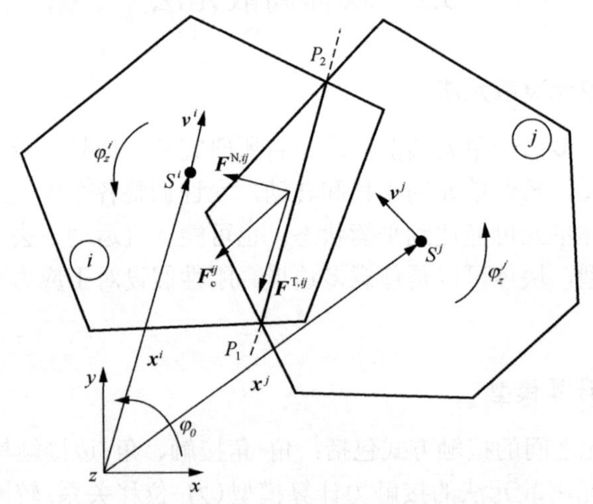

图 5-1　多边形单元接触力计算模型示意图

$\boldsymbol{v}^i$、$\boldsymbol{v}^j$-颗粒 i、j 的速度矢量；S^i、S^j-颗粒 i、j 的质心；$\boldsymbol{x}^i$、$\boldsymbol{x}^j$-颗粒 i、j 的位置矢量

忽略颗粒旋转对相对速度的影响，相对速度矢量可以表示为

$$\boldsymbol{v}_{\mathrm{rel}} = \boldsymbol{v}^j - \boldsymbol{v}^i \tag{5-4}$$

m_{eff}^{ij} 为颗粒 i 与 j 的有效质量，可由颗粒 i 与 j 的质量 m^i 与 m^j 计算，即

$$m_{\text{eff}}^{ij} = m^i m^j / (m^i + m^j) \tag{5-5}$$

l_{c} 为接触区域的特征长度，可通过分别与多边形单元 i、j 面积相等的圆的直径 d^i 与 d^j 确定，即

$$\frac{1}{l_{\text{c}}} = \frac{1}{d^i} + \frac{1}{d^j} \tag{5-6}$$

接触力矩 $\boldsymbol{M}_{\text{p},x}^{ij}$ 为

$$\boldsymbol{M}_{\text{p},x}^{ij} = \boldsymbol{F}_{\text{c}}^{ij} \times \boldsymbol{r}_{\text{c}}^{i} \tag{5-7}$$

式中，$\boldsymbol{r}_{\text{c}}^{i}$ 为矢径，即根据接触力作用点(两个多边形交点的连线 P_1P_2 的中点)与多边形单元 i 的质心所确定的矢量。

2. 运动方程

式(5-8)为用张量描述的任一多边形单元 i 的运动方程

$$\boldsymbol{M}^i \ddot{\boldsymbol{x}} = \sum_{j=1}^{n_{\text{p}}} \boldsymbol{F}_{\text{c}}^{ij} + m^i g + F_{\text{e}} \tag{5-8}$$

式中，$\ddot{\boldsymbol{x}}$ 为加速度矢量(包括两个平动加速度与一个旋转加速度分量)；n_{p} 为所有与单元 i 接触的单元总数；g 为重力加速度；F_{e} 为单元 i 所受除接触力和重力以外的荷载；$\boldsymbol{M}^i$ 为单元 i 的质量矩阵：

$$\boldsymbol{M}^i = \begin{bmatrix} m^i & 0 & 0 \\ 0 & m^i & 0 \\ 0 & 0 & I^i \end{bmatrix} \tag{5-9}$$

式中，I^i 为单元 i 的惯性矩。

5.2.2　多面体单元离散元法

三维离散元法的原理和解题方法同二维离散元法基本相同，但在三维空间中，块体的运动自由度增加到了 6 个(3 个平移和 3 个转动)，因此程序的

设计与开发遇到了很多困难。例如，对于无论何种形状的块体(凹面体或凸面体)，程序都应该能够迅速而有效地判断它们是否接触，并能找到接触面的法线方向，但是，做到这一点实际上并不容易。

本小节介绍三维块体模型中，求解接触点的公共面法及计算接触力和位移的公式和时步的选择。

1. 块体接触的直接判别

判别块体间是否存在接触最简单的方法是检查接触发生的所有可能性。对于三维块体的接触有很多方式：点-点、点-边、点-面、边-边、边-面、面-面，几种常见接触方式如图 5-2 所示。如果块体 A 有 v_A 个顶点、e_A 条边、f_A 个面，块体 B 有 v_B 个顶点、e_B 条边、f_B 个面，则用直接法判别接触存在的检测次数为

$$n=\left(v_A+e_A+f_A\right)\left(v_B+e_B+f_B\right) \tag{5-10}$$

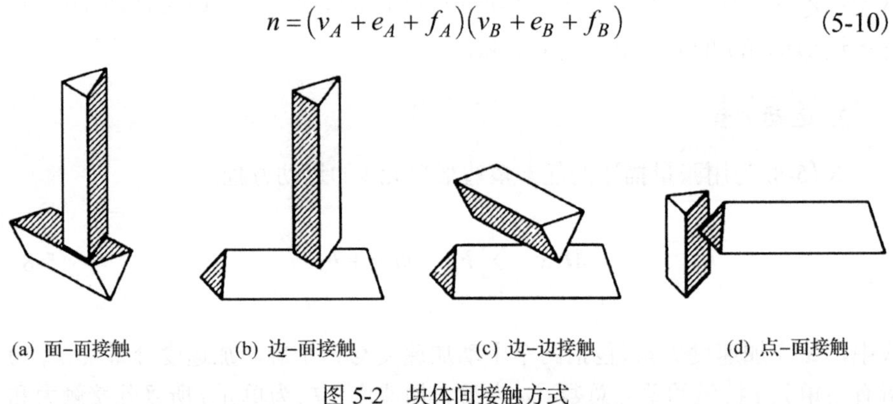

(a) 面–面接触 (b) 边–面接触 (c) 边–边接触 (d) 点–面接触

图 5-2 块体间接触方式

若采用直接法判断块体间接触方式，则两个立方体间存在 676 种接触类型。事实上，并不需要进行如此多次判别，因为有些接触类型可以并入其他类型中，这样只需要检测点-面、边-边接触两种类型即可，而其他类型可用下面的方法通过点-面、边-边接触两种类型来体现，即：

(1) 当在同样位置存在三个或更多个点-面接触时，说明该位置存在点-点接触。

(2) 当两个点-面接触在同一位置同时存在时，表明该位置存在点-边接触。

(3) 当两个块体间存在两个边-边接触时，表明存在边-面接触。

(4) 当三个或更多个边-边接触存在、三个或更多个点-面接触存在时，表明两个块体间存在面-面接触。

即使按照上面的方法进行类型合并，接触判别的检测次数仍然有

$$n = v_A f_B + v_B f_A + e_A f_B + e_B f_A \tag{5-11}$$

对于两个立方体的接触，检测次数为 240 次。

下面对接触发现进行两点分析：

(1) 接触检验的次数直接取决于所要判别块体的边、顶点与面的平均数量。

(2) 对某些类型的检测是很困难的。例如，在点-面接触检测中，不仅要检查点位于该面的上方或下方，还要检验点是否位于该面投影的边界内，而这在数值计算中并不是通过简单的判别就能实现的。

综合上述要求，先判别接触类型，然后对各种类型依次检验。接触面的单位法向矢量在某些接触类型中是很容易确定的，如在所有与面接触的类型中，但是，对于其他类型则非常困难，如边-边、点-边及点-点。此外，不能保证接触法向矢量在从一种接触类型向另一种接触类型过渡时平滑变化。用直接检验法时，两个任意无接触块体间最大间隙的确定也不是一件容易的工作。

鉴于直接法存在上述诸多困难，提出了一种发现块体间接触的新方法——公共面法。

2. 公共面法

用直接法判别块体接触存在很多困难，但是如果把问题分解为如下所述的两部分，则上述很多困难就会迎刃而解：

(1) 构造一个公共面，通过公共面把两个块体所占据的空间分为两部分。

(2) 分别检验每个块体与公共面的接触情况。

公共面的构造方法可以用一个悬在两个未接触块体间的金属盘来说明，当两个块体未接触时，金属盘与任何一个块体都不接触，但是，随着两个块体逐步靠近直至接触时，金属盘在两个块体的作用下发生扭转直至完全被两个块体夹紧，如图 5-3 所示。无论这两个块体的形状和位向如何，金属盘被夹紧后，总会在一个特定位置达到稳定，而金属盘达到稳定的位置恰恰就是处于接触中的两个块体的滑动面。进一步对金属盘与两个块体间的相对位置进行分析，当两个块体逐步靠近但还没有接触时，金属盘在块体的推力作用下发生移动和扭转，这时，金属盘总是位于两个块体中间的某个位置，并且该位置距两个块体的距离都是最大的，这样就可以很容易地通过把两个块体

到金属盘的距离相加而求得两个块体间的空隙尺寸。通过金属盘例子，块体间接触的很多问题都可以得到简化。

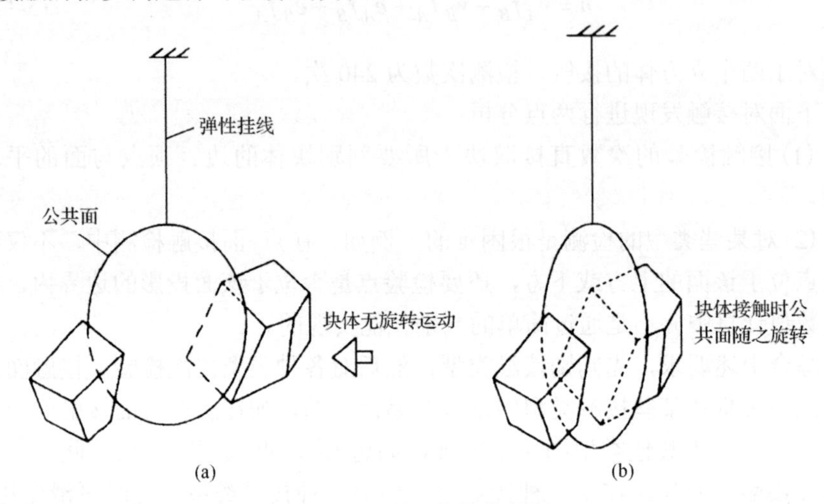

图 5-3　公共面与块体接触

(1) 只需要对点-面接触进行判别(通过点积)，因为块体(或子块体)都是凸多面体，面-边接触都可以通过点-面接触的数量来体现。

(2) 检测次数线性地依赖于顶点的数量(直接法的检测次数与顶点数为二次方关系)。可以分别检测块体 A、B 的顶点与公共面的接触情况，检测次数为

$$n = v_A + v_B \tag{5-12}$$

对于两个立方体的情况，公共面法的检测次数为 16，而直接法的检测次数为 240。

(3) 对于点-面接触类型，没有必要检测该接触是否位于面的周边以内，因为公共面的位置在不断变化，如果两个块体都与公共面接触，那么这两个块体必然接触，如果两个块体没有接触，则肯定与公共面不接触。

(4) 公共面的法向矢量就是接触的法向矢量，不需要进行特别计算。

(5) 既然公共面的法向是唯一的，那么就可以排除接触法向矢量的不连续变化。公共面的法向矢量可能会发生迅速变化(如点-点接触)，但是不会因为接触类型的改变而发生跳跃式变化。

(6) 可以很容易地确定两个未接触块体间的最小空隙：只需要把两个块体距公共面的距离相加即可。

3. 确定公共面位置的算法

公共面的定位和移动只是一个几何问题，但是与力学计算一样，需要在每个时间步长上对其进行更新。该算法可以用一句话来描述：“把公共面与最接近公共面的顶点间的间隙最小化”。公共面的任何平移和旋转都会减小与最接近公共面的顶点间的距离或使其保持不变。对于已经重叠的块体，仍旧可以采用该方法，但这时的空隙和最近距离 $c\text{–}p$ 用负值表示，此时该算法可描述为：“把公共面与最接近顶点间的重叠值最大化”，如图 5-4 所示。

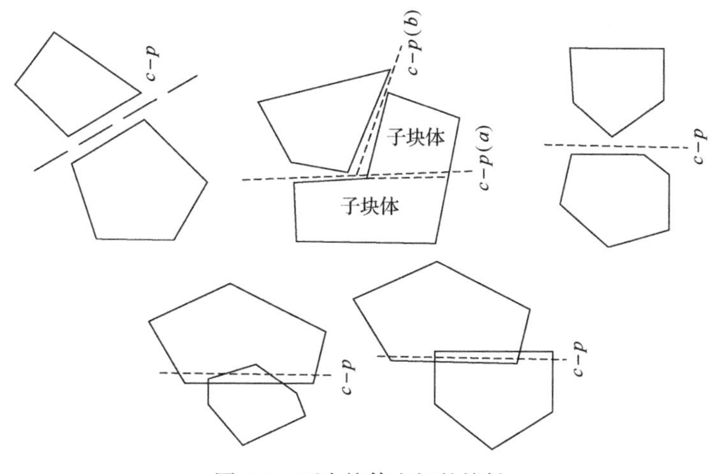

图 5-4　两个块体之间的接触

(a)、(b)-块体间的公共面

该算法需要一个初始条件，即假设两个块体之间没有接触，并把公共面放置在两个块体质心连线的中点，其法向向量为从一个块体的质心指向另一个块体的质心，即

$$C_i = \frac{A_i + B_i}{2},\ n_i = Z_i / z \tag{5-13}$$

式中，$Z_i = B_i - A_i$；z 为另一块体的质心；n_i 为公共面的单位法向量；C_i 为公共面上的参考点；A_i 与 B_i 分别为块体 A 与块体 B 质心的位置矢量；下标 i 取值范围为 1～3，应用爱因斯坦求和约定。该算法通过平移或转动公共面使公共面与块体间的间隙最小化或最大化。参考点 C_i 的作用包含以下两个方面：

(1) 公共面绕该点转动。

(2) 两个块体接触时的法向和切向力的作用点。

1) 公共面的平动

公共面的平动可以分解为沿公共面法向和切向的平动。沿公共面法向的平动依据的是确定块体顶点与公共面的最小距离：

$$d_B = \min\left\{\boldsymbol{n}_i V_i^{(B)}\right\}$$

$$d_A = \max\left\{\boldsymbol{n}_i V_i^{(A)}\right\} \tag{5-14}$$

式中，d_A为公共面与块体A上最接近公共面顶点的距离(未接触时为负)；d_B为公共面与块体B上最接近公共面顶点的距离(未接触时为正)；$V_i^{(A)}$与$V_i^{(B)}$分别为块体A与块体B顶点的位置。

公共面上的参考点$\boldsymbol{C}_i$平动后位置可表示为

$$\boldsymbol{C}_i := C_i + [(d_A + d_B)/2]\boldsymbol{n}_i \tag{5-15}$$

块体间的间隙为$d_B - d_A$的，如果两个块体之间发生接触(即间隙为负)，那么公共面上的参考点$\boldsymbol{C}_i$就是接触力的作用点。如果两个块体之间没有发生接触，那么$\boldsymbol{C}_i$就被移动到两个块体中最接近公共面的两个顶点的位置矢量之和的中点，即

$$\boldsymbol{C}_i = \left[\boldsymbol{V}_i^{(A_{\max})} + \boldsymbol{V}_i^{(B_{\min})}\right]\Big/2 \tag{5-16}$$

式中，$\boldsymbol{V}_i^{(A_{\max})}$与$\boldsymbol{V}_i^{(B_{\min})}$分别为块体$A$与块体$B$上最接近公共面的顶点。

2) 公共面的旋转

公共面经历过平动后，如果两个块体之间存在接触，那么该面上的参考点就是接触力的作用点。但是接触力的法向，即公共面的法向矢量，不一定是平动后的公共面的法向矢量，因为平动后的公共面不一定满足裂隙最大化的条件。所以，必须是旋转公共面才能满足该要求。公共面的平动只通过一个步骤即可完成，但是其旋转必须要经过迭代才能确定。因为块体上最接近公共面的顶点将随公共面的旋转而改变。先过公共面上的参考点$\boldsymbol{C}_i$在当前公共面内构造两个方向任意但互相垂直的矢量作为转轴，然后，令公共面的法向矢量绕两轴发生微小转动，转动角正负各一次，每迭代一步令公共面的法向矢量转动四次。如果$\boldsymbol{p}_i$与$\boldsymbol{q}_i$为所构造的两个互相正交的向量，则四次转动为

$$\boldsymbol{n}_i := (\boldsymbol{n}_i + k\boldsymbol{p}_i)/z$$

$$\boldsymbol{n}_i := (\boldsymbol{n}_i - k\boldsymbol{p}_i)/z$$

$$\boldsymbol{n}_i := (\boldsymbol{n}_i + k\boldsymbol{q}_i)/z$$

$$\boldsymbol{n}_i := (\boldsymbol{n}_i - k\boldsymbol{q}_i)/z \tag{5-17}$$

式中，k 为转动系数。

4. 接触力的计算

采用显式差分策略求解块体单元运动的动态过程。在每个时间步长上，用运动方程和本构方程来描述块体的运动。在把块体作为刚体时，本构方程用接触力和侵入深度间的关系表示。首先通过对运动方程进行积分来更新块体的运动位置、侵入速度及侵入深度增量；其次通过接触力与侵入深度的关系来确定新的接触力，在新的接触力的基础上开始下一时间步长的循环。计算循环如图 5-5 所示。

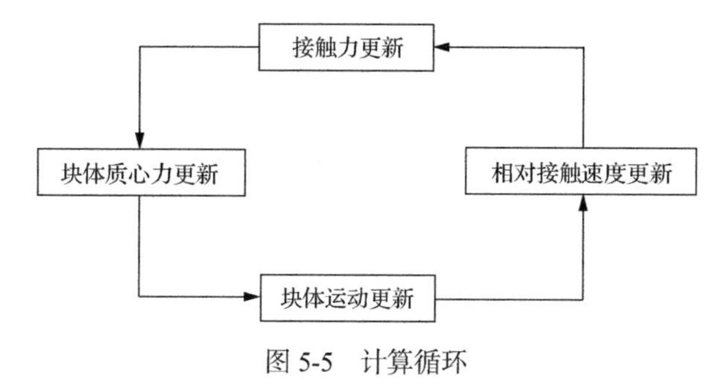

图 5-5　计算循环

把公共面的单位法向矢量 $\boldsymbol{n}_i$ 作为接触法向矢量(从块体 A 指向块体 B)。把公共面上的参考点 $\boldsymbol{C}_i$ 作为接触点及接触力的作用点。

把在接触点处块体 B 相对于块体 A 的速度定义为接触速度 $\boldsymbol{V}_i$，可由式(5-18)计算：

$$\boldsymbol{V}_i = \dot{\boldsymbol{x}}_i^B + \boldsymbol{e}_{ijk}\boldsymbol{\omega}_i^B(\boldsymbol{C}_j - \boldsymbol{B}_j) - \dot{\boldsymbol{x}}_i^A - \boldsymbol{e}_{ijk}\boldsymbol{\omega}_i^A(\boldsymbol{C}_j - \boldsymbol{A}_j) \tag{5-18}$$

式中，$\boldsymbol{A}_j$ 和 $\boldsymbol{B}_j$ 分别为块体 A 和块体 B 质心的位置矢量；$\boldsymbol{C}_j$ 为接触点的位置矢量；$\dot{\boldsymbol{x}}_i^A$ 和 $\dot{\boldsymbol{x}}_i^B$ 分别为块体 A 和块体 B 质心的速度矢量；$\boldsymbol{\omega}_i^A$ 和 $\boldsymbol{\omega}_i^B$ 则分别为块体 A 和块体 B 的角速度矢量；$\boldsymbol{e}_{ijk}$ 为置换张量；下标 i，j，k 的取值范围均为 1～3，并用其表明矢量或张量在全局坐标系中的分量(下标符合爱因斯坦求和约定)。

侵入深度增量矢量可以表示为

$$\Delta\boldsymbol{U}_i = \boldsymbol{V}_i\Delta t \tag{5-19}$$

可以分解为垂直于公共面的法向分量和沿着公共面的切向分量。

法向侵入深度增量矢量分量为

$$\Delta \boldsymbol{U}_i^{\mathrm{n}} = \Delta \boldsymbol{U}_i \boldsymbol{n}_i \tag{5-20}$$

切向侵入深度增量矢量分量为

$$\Delta \boldsymbol{U}_i^{\mathrm{s}} = \Delta \boldsymbol{U}_i - \Delta \boldsymbol{U}_j \boldsymbol{n}_i \boldsymbol{n}_j \tag{5-21}$$

公共面的单位法向矢量 $\boldsymbol{n}_i$ 在每个时间步长上都需要更新。为了说明公共面的增量旋转，当前全局坐标系中的剪力 F_i^{s} 必须被修改为

$$F_i^{\mathrm{s}} := F_i^{\mathrm{s}} - \boldsymbol{e}_{ijk} \boldsymbol{e}_{kmn} F_i^{\mathrm{s}} \boldsymbol{n}_m^{\mathrm{dd}} \boldsymbol{n}_n \tag{5-22}$$

式中，$\boldsymbol{n}_m^{\mathrm{dd}}$ 为上一步长的公共面法向矢量；$\boldsymbol{e}_{kmn}$ 为置换张量。

可以用侵入深度增量来计算接触弹性力增量。法向力增量矢量以压力为正，表示为

$$\Delta \boldsymbol{F}^{\mathrm{n}} = -K_{\mathrm{n}} \Delta \boldsymbol{U}^{\mathrm{n}} A_{\mathrm{c}} \tag{5-23}$$

切向力增量矢量为

$$\Delta \boldsymbol{F}_i^{\mathrm{s}} = -K_{\mathrm{s}} \Delta \boldsymbol{U}_i^{\mathrm{s}} A_{\mathrm{c}} \tag{5-24}$$

式中，K_{n} 和 K_{s} 分别为法向和切向接触刚度，Pa/m；A_{c} 为接触面积。

这样，可以通过接触力和接触面积直接计算接触应力。

对于面-面接触类型，接触面积可以直接计算，只需计算公共接触面面积。对于非面-面接触类型的接触面积计算则非常困难。在当前的研究中，为了减少对接触刚度临界值的限制，在式(5-23)和式(5-24)中假设接触面积值很小，一般可取为处于接触中的两个块体表面积的平均值的百分之一，或自己定义。

得到法向和切向接触力增量后，就可以计算总法向力和切向力，即

$$\boldsymbol{F}^{\mathrm{n}} := \boldsymbol{F}^{\mathrm{n}} + \Delta \boldsymbol{F}^{\mathrm{n}} \tag{5-25}$$

$$\boldsymbol{F}_i^{\mathrm{s}} := \boldsymbol{F}_i^{\mathrm{s}} + \Delta \boldsymbol{F}_i^{\mathrm{s}} \tag{5-26}$$

同时，根据库仑(Coulomb)准则对法向力和切向力进行调整，如果法向力超过了节理的抗拉强度，即 $\boldsymbol{F}^{\mathrm{n}} < -TA_{\mathrm{c}}$ (T 为节理的抗剪强度)，那么法向力和切向力为 0，否则，计算最大切向力：

$$\boldsymbol{F}_{\max}^{\mathrm{s}} = CA + \boldsymbol{F}^{\mathrm{n}} \tan\varphi \tag{5-27}$$

式中，C 为节理面的黏聚力(量纲与应力同)；φ 为内摩擦角。

然后计算切向力的绝对值

$$\boldsymbol{F}^{\mathrm{s}} = (\boldsymbol{F}_i^{\mathrm{s}} \boldsymbol{F}_i^{\mathrm{s}})^{1/2} \tag{5-28}$$

如果切向力的绝对值大于 $\boldsymbol{F}_{\max}^{\mathrm{s}}$，即 $\boldsymbol{F}^{\mathrm{s}} > \boldsymbol{F}_{\max}^{\mathrm{s}}$，那么切向力减小为一个限制值，即

$$\boldsymbol{F}_i^{\mathrm{s}} := \boldsymbol{F}_i^{\mathrm{s}}[(\boldsymbol{F}_{\max}^{\mathrm{s}}) / \boldsymbol{F}^{\mathrm{s}}] \tag{5-29}$$

然后，把接触力添加到两个块体质心的力和力矩中。块体 A 对块体 B 作用的接触力矢量可以表示为

$$\boldsymbol{F}_i = -(\boldsymbol{F}^{\mathrm{n}} \boldsymbol{n}_i + \boldsymbol{F}_i^{\mathrm{s}}) \tag{5-30}$$

这样，就可以更新块体 A 所受合力和力矩，即

$$\boldsymbol{F}_i^A := \boldsymbol{F}_i^A + \boldsymbol{F}_i \tag{5-31}$$

$$\boldsymbol{M}_i^A := \boldsymbol{M}_i^A - \boldsymbol{e}_{ijk}(\boldsymbol{C}_j - \boldsymbol{A}_j)\boldsymbol{F}_i \tag{5-32}$$

式中，$\boldsymbol{F}_i$ 为接触力矢量。

同理，对于块体 B 有

$$\boldsymbol{F}_i^B := \boldsymbol{F}_i^B + \boldsymbol{F}_i \tag{5-33}$$

$$\boldsymbol{M}_i^B := \boldsymbol{M}_i^B + \boldsymbol{e}_{ijk}(\boldsymbol{C}_j - \boldsymbol{B}_j)\boldsymbol{F}_i \tag{5-34}$$

5. 块体的运动

单个块体的平动方程可以表示为

$$\ddot{\boldsymbol{x}}_i + a\dot{\boldsymbol{x}}_i = (\boldsymbol{F}_i)/m + \boldsymbol{g}_i \tag{5-35}$$

式中，$\ddot{\boldsymbol{x}}_i$ 与 $\dot{\boldsymbol{x}}_i$ 分别为块体质心的加速度和速度；a 为与块体质量成比例的黏性阻尼常数；$\boldsymbol{F}_i$ 为施加在块体上的合力，包括接触力和外力；m 为块体质量；$\boldsymbol{g}_i$ 为重力加速度矢量。

块体的元阻尼刚体转动可用欧拉(Euler)方程描述，这里的转动是指针对块体主惯性轴的转动，即

$$I_1\dot{\omega}_1+(I_3-I_2)\dot{\omega}_3\dot{\omega}_2=M_1 \tag{5-36}$$

$$I_2\dot{\omega}_2+(I_1-I_3)\dot{\omega}_1\dot{\omega}_3=M_2 \tag{5-37}$$

$$I_3\dot{\omega}_3+(I_2-I_1)\dot{\omega}_2\dot{\omega}_1=M_3 \tag{5-38}$$

式中，I_1、I_2与I_3均为块体的主惯性矩；$\dot{\omega}_1$、$\dot{\omega}_2$与$\dot{\omega}_3$均为关于主轴的角速度；M_1、M_2与M_3均为相对于块体主轴的力矩。

对一个块体体系进行精确的动力学分析需要求解式(5-36)～式(5-38)，但对岩石块体体系的动力分析要使用可变形块体。前述提及的离散元法中，可以将块体离散为四面体网格，而且代表动力响应的惯性项同样可以在四面体单元中得以体现。

刚性块体模型更适合描述准静态问题，在准静态问题中，运动方程中的转动方程可以被简化。由于在准静态问题中块体运动速度很小，所以式(5-36)的非线性项可以被忽略，从而使方程解耦。同时，由于惯性力与块体所受合力比较而言非常小，所以惯性力张量对转动的影响并不是必须考虑的。在三维离散单元法程序(3DEC)中，只考虑了一个近似的惯性矩I，在块体的质心到各个顶点的平均距离的基础上计算。这样就增加了一个黏性阻尼项，式(5-36)～式(5-38)简化为

$$\dot{\boldsymbol{\omega}}_i+a\dot{\boldsymbol{\omega}}_i=\frac{\boldsymbol{M}_i}{I} \tag{5-39}$$

式中，$\dot{\boldsymbol{\omega}}_i$与$\boldsymbol{M}_i$都为全局坐标系中的矢量。

采用中心差分求解运动方程，下面的表达式为 t 时刻(间隔中间值)的平动和转动速度：

$$\dot{\boldsymbol{x}}_i^{(t)}=\frac{1}{2}\left(\dot{\boldsymbol{x}}_i^{\left(t-\frac{\Delta t}{2}\right)}+\dot{\boldsymbol{x}}_i^{\left(t+\frac{\Delta t}{2}\right)}\right) \tag{5-40}$$

$$\dot{\boldsymbol{\omega}}_i^{(t)}=\frac{1}{2}\left(\dot{\boldsymbol{\omega}}_i^{\left(t-\frac{\Delta t}{2}\right)}+\dot{\boldsymbol{\omega}}_i^{\left(t+\frac{\Delta t}{2}\right)}\right) \tag{5-41}$$

加速度为

$$\ddot{\boldsymbol{x}}_i^{(t)} = \frac{1}{\Delta t}\left(\dot{\boldsymbol{x}}_i^{\left(t+\frac{\Delta t}{2}\right)} - \dot{\boldsymbol{x}}_i^{\left(t-\frac{\Delta t}{2}\right)}\right) \tag{5-42}$$

$$\dot{\boldsymbol{\omega}}_i^{(t)} = \frac{1}{\Delta t}\left(\dot{\boldsymbol{\omega}}_i^{\left(t+\frac{\Delta t}{2}\right)} - \dot{\boldsymbol{\omega}}_i^{\left(t-\frac{\Delta t}{2}\right)}\right) \tag{5-43}$$

把式(5-40)～式(5-43)代入式(5-35)和式(5-39)中：

$$\dot{\boldsymbol{x}}_i^{\left(t+\frac{\Delta t}{2}\right)} = \left[D_1\dot{\boldsymbol{x}}_i^{\left(t-\frac{\Delta t}{2}\right)} + \left(\frac{\boldsymbol{F}_i^{(t)}}{m} + \boldsymbol{g}_i\right)\Delta t\right]D_2 \tag{5-44}$$

$$\boldsymbol{\omega}_i^{\left(t+\frac{\Delta t}{2}\right)} = \left\{D_1\boldsymbol{\omega}_i^{\left(t-\frac{\Delta t}{2}\right)} + \left[\frac{\boldsymbol{M}_i^{(t)}}{I}\Delta t\right]\right\}D_2 \tag{5-45}$$

式中，$D_1 = 1-(\alpha\Delta t/2)$；$D_2 = 1/[1+(\alpha\Delta t/2)]$；$\alpha$ 为转动角度。

平动和转动位移增量为

$$\Delta\boldsymbol{x}_i = \dot{\boldsymbol{x}}_i[t+(\Delta t/2)]\Delta t \tag{5-46}$$

$$\Delta\boldsymbol{\theta}_i = \dot{\boldsymbol{\omega}}_i[t+(\Delta t/2)]\Delta t \tag{5-47}$$

块体质心坐标被更新为

$$\boldsymbol{x}_i^{(t+\Delta t)} = \boldsymbol{x}_i^{(t)} + \Delta\boldsymbol{x}_i \tag{5-48}$$

块体的顶点坐标被更新为

$$\boldsymbol{x}_i^{v(t+\Delta t)} = \boldsymbol{x}_i^{v(t)} + \Delta\boldsymbol{x}_i + \boldsymbol{e}_{ijk}\Delta\boldsymbol{\theta}_j\left[\boldsymbol{x}_k^{v(t)} - \boldsymbol{x}_k^{(t)}\right] \tag{5-49}$$

对于连接在一起的一组块体，只对主块体进行运动计算，对主块体的质量、惯性矩、质心进行修正，从而使其能够代表该组块体。一旦主块体的运动被确定，则该组中从块体的运动被确定，则该组中从块体的位置可由与式(5-48)、式(5-49)相似的方法确定。

在每个循环中，当块体的运动更新完成后，所有块体的合力与合力矩变量设置为 0。

6. 时间步长的选择

同样采用与单自由度体系类比的方法确定临界时间步长的估计值。可以采用块体体系中的最小块体质量($m_{\min}$)与最大法向或切向刚度($K_{\max}$)来计算临界时间步长的估计值：

$$\Delta t = \mathrm{FRAC} \cdot 2\left[\frac{m_{\min}}{2K_{\max}}\right]^{1/2} \tag{5-50}$$

式中，FRAC 为用户自行定义的参数，它是由单自由度体系得来的，事实上，一个块体可能同时与几个块体接触，所以可通过参数 FRAC 对其进行修正。一般情况下，FRAC 取为 0.1 可以确保数值计算的稳定性。

对于准静态过程，当惯性力与体系中其他力比较而言很小时，惯性力对解答几乎没有影响。可以把惯性质量标度化以缩短收敛时间。例如，给所有块体分配相同的质量，在很多情况下是有效的。

5.3 块体离散元模拟软件简介

5.3.1 UDEC 和 3DEC 简介

UDEC 和 3DEC 是针对岩体不连续问题而开发的模拟软件，模拟非连续介质在静-动载荷作用下的反应，包括块体间的完全脱离。UDEC 和 3DEC 采用显式差分方法求解，实现对物理非稳定问题的稳定求解，可以追踪记录破坏过程和模拟结构的大范围破坏。UDEC 和 3DEC 是帮助采矿和岩土工程师进行分析和设计高级非连续介质的程序。UDEC 和 3DEC 可以模拟节理岩体介质在准静态或动态载荷作用下的反应。不仅可以模拟接触的脱离，也可以侦察新接触的产生和模拟新产生接触的力学行为。UDEC 和 3DEC 可以在所有的 Windows 环境下安装运行，利用标准输出窗口进行命令流操作，还可建立多种材料模型，具有全动态能力和高分辨率图形输出能力，方便建模进程，还具有包括动画、电影在内的多种图形捕捉和输出功能，同时用户可以利用内置 FISH 语言最大限度地控制模型运行。UDEC 和 3DEC 已经在工程咨询、数学和研究中应用了二十余年，用户遍布 30 多个国家。应用领域包括采矿、土木、石油、核废料隔离等，是非连续岩石力学与结构问题的首选分析程序。

5.3.2 UDEC 和 3DEC 的基本特点

(1)用多边形或多面体的块体组合模拟非连续介质体，其中块体之间的接触面可以发生滑移甚至完全脱开，块体可以是刚体，也可以是变形体，块体之间可以发生新的接触。

(2)接触面沿法向和切向的运动由线性和非线性力-位移关系控制。

(3)材料模型包括弹性、各向异性、莫尔-库仑(Mohr-Coulomb)、Drucker-Prager、双线性塑性、应变软化、蠕变等，用户可以自定义介质的本构关系。

(4)动力学和热力学板块帮助实现对热力学和动力学问题的仿真，吸收边界反射波和进行波输入的处理方式帮助实现完全动力学分析。

(5)可以实现分步开挖、分步回填、分步加固的施工过程的完全仿真模拟。

(6)提供广泛的工具进行屏幕输出，包括在接触面绘制矢量和等值线、观看节理结构(与块体结构隔离)的浏览工具；可以用多种工业标准格式进行图形输出；电影浏览工具可进行动画显示，同时对高分辨率屏幕图像和绘图单元进行互动操作。

(7)内置前处理工具包括 AutoCAD 前处理器、隧道生成器、统计分布节理组生成器。

(8)用内外区域耦合和自动径向分级网格生成来模拟“无限域”问题。

(9)地下水可以处理成裂隙水或孔隙水、静态或流态(UDEC)形式。

(10)结构加固单元包括锚杆、锚索、梁、衬砌。

5.3.3 UDEC 和 3DEC 的功能优势

(1)非连续介质材料被处理成凸多边形(UDEC)或四面体(3DEC)的集合体，块体可以是可变形体，也可以是刚体。

(2)不连续面被处理成块体之间的接触边界。

(3)块体沿不连续面的运动在法向和切向服从线性或非线性的力-位移关系。

(4)材料模型包括：线弹性、各向异性、Mohr-Coulomb、Drucker-Prager、双线性塑性、应变软化、流变、用户自定义。

(5)“空”(null)材料块用于模拟开挖回填过程。

(6)进行有效应力和孔隙水力坡度计算。

(7)进行结构渗流、渗流-应力耦合计算。

(8)结构单元可模拟：锚杆锚固体全长范围内的微地震；结构面的局部加

固；表面加固，如喷射混凝土和衬砌。结构单元逻辑描述了：锚索单元可以模拟锚杆固体全长范围内的微地震(micro-seismic, MS)；结构面的局部加固(只加固结构面)；表面加固，如喷射混凝土和衬砌。

(9)广泛的屏幕显示和输出功能可以单独显示节理的结构面；结构面计算结果的矢量和等值线绘制；高清晰度的屏幕交互操作功能符合工业标准的图形输出方式。

(10)3DEC的预处理器可以直接读取AutoCAD文件，并将其转化成3DEC数据文件生成四面体。

(11)隧道生成器、统计分布节理生成器、电影播放器等内置功能满足不同需要。

(12)利用内外压域耦合功能模拟无限域问题。

(13)可以进行系统的真时间历程瞬时动力响应模拟。

(14)可以进行内置热源的热和热力学问题模拟。

(15)衬砌单元逻辑和有限元块体使3DEC可以模拟易弯曲的薄型结构。

(16)用户可以用 C++编写自己的本构模型作用程序的动态链接库(DLL)并调用。

第6章　巷道围岩稳定性监测技术

6.1　位 移 监 测

近年来，国内外的学者在如何测量煤矿巷道表面位移这一问题上进行了大量的探索实验。例如，张源提出了一种新型的巷道表面位移测量的方法，克服了以前十字交叉法测量巷道表面位移费时耗力、机电设备运行导致两帮的移近量无法测量、高瓦斯矿井风速大时测量困难及测点工程线容易被损等缺点。该方法可连续测量，而且测量方法简单快捷、省时省力，为十字交叉法中所存在的问题提供了解决方案。吴清收设计了一种基于 ZigBee 技术的巷道顶板位移监测系统。该系统可以完成信息的采集、传递及处理等工作，可扩充性良好。在该系统中，各个节点负责采集数据，这些数据会通过无线网络传送给分站，上位机接收到这些数据后，将其显示在界面上。整个系统完成了数据的采集和通信工作，可以准确地监测巷道顶板的位移变化。

人工定期对巷道的表面位移进行监测具有测量精度不高、测量难度大等缺点，而有线/无线传感器的监测具有成本开销大、通信易受环境干扰等缺点，所以采用基于摄像测量方式的非接触式测量方法逐渐得到发展。

近年来，近景摄影测量在各个领域中都得到了广泛的应用。近景摄影测量是一种非接触式的测量方法，不会损坏被测物体，可在环境恶劣的条件下工作。近景摄影测量包括两个方面的内容：近景摄影与图像处理。使用非接触式的测量方法进行距离的测量时，可以有效地解决常规测量中人为误差较大、对测量环境的要求较高等问题。所求得的距离与实际测量的结果相吻合，使用近景摄影测量的方法来进行距离的测量具有一定的准确性。

6.2　微地震监测

冲击地压是世界范围内煤炭开采过程中危害最大的灾害之一，煤岩体瞬间释放变形能，煤岩体被抛出，巷道堵塞，并产生巨大的响声和岩体震动，造成支架损坏、设备损坏和人员伤亡，伤害性大。冲击地压发生的根本原因是采矿活动引起采场矿山压力重新分布，动态矿山压力作用于围岩并使其处于高应力环境，造成煤岩体内部的应力集中不断加剧与突然释放。近年来，随着煤炭开采深度的不断增加和开采范围的不断扩大，矿井采场及附近煤岩体应力水平不断增高且越来越复杂，越来越多的矿井在开采时面临冲击地压等动力灾害威胁，冲击地压发生的频次和烈度显著增大。因此，监测和预防冲击地压已成为煤炭资源开采过程中亟待解决的问题。

微地震监测技术可有效监测煤岩体破断、移动等活动，其基本原理是利用专用设备所记录的煤岩体震动能量反推和计算产生震动的方向、能量及震源位置，监测结果可用于分析上覆岩层活动规律和预测冲击地压。将该技术应用于高应力矿井，对于系统地研究在高应力环境下煤岩体冲击地压的微地震能量分布特征和顶板运动规律，探索高应力条件下冲击地压的发生机理和监测、预报、防治冲击地压具有重要的理论价值和实际意义。

微地震监测技术是近年来从地震勘查行业演变发展而来的一项新技术，在采矿、土木、水利、隧道、边坡等领域均有应用。煤矿微地震监测系统可基于 MS 研发，其基本原理是煤岩体在高应力作用下发生破裂和破坏，并产生微地震波，通过布置在破裂区周围的多组微震检波器可以实时采集和处理微地震数据，根据多组检波器接收到的微地震数据，利用微地震波在煤岩体中的传播速度和接收时间差值可以确定煤岩体破裂发生的三维坐标和时间，并通过软件在三维空间上显示出来，如图 6-1 所示。

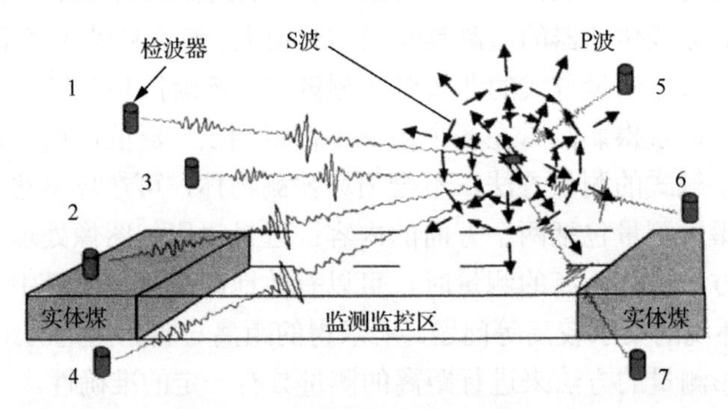

图 6-1　微地震监测岩体破裂示意

系统可采用分布-集中式架构、宽频域拾震传感器、瞬时同步技术和光纤传输模式，既可以监测矿井范围内的大能量矿震，又可以监测工作面内的岩层破裂信号。安装在监测区域内的微震检波器接收到震动信号后将其转换成电信号并传输至井下微震监测分站，分站将电信号转换为光信号并将其经光纤传输至微震监测主站，该光信号经由井下环网交换机传输至地面数据采集主机，再传输至数据存储及处理主机进行微地震事件的定位分析与展示。

系统配备数据分析软件，能够监测井下微地震事件并实现：①实时、连续、自动采集微地震信号，记录并进行各种滤波处理；②微地震事件自动备份；③微地震事件自动定位；④显示微地震事件的平面位置和剖面位置；⑤手动拾取通道信息进行震源定位并可显示震源在图上的位置；⑥微地震事件波形图保存；⑦微地震监测系统参数设置和修改；⑧地面操作分站、重启、停止等；⑨结合 Dinas 软件，实现微地震事件多方位展示、统计分析、危险性评价。应用微地震监测系统数据分析与展示软件按时间显示微地震事件的平面图和剖面图，进而可以根据微地震事件的分布特征分析工作面顶底板岩层断裂情况，为评价工作面冲击地压的危险性、岩层破裂范围、工作面超前影响距离等提供可靠的科学依据。

6.3　电磁辐射监测

矿井煤岩动力灾害现象主要包括煤与瓦斯突出、冲击地压、顶板塌陷等。冲击地压是煤矿井下复杂的动力现象之一，是指矿井高应力区内煤体、岩体及断层在受外界扰动瞬间失稳破坏时，释放出很大能量而引起的以猛烈震动和爆发式破坏为特征的矿山动力现象，严重影响煤矿安全生产和经济发展。

电磁辐射技术是一种地球物理方法，国内外相关研究表明该技术能够较为有效地对煤岩动力灾害进行预测。与其他监测预测方法相比，电磁辐射法具有非接触、实时、节省工程量、直观、抗干扰能力强等优点。因此用电磁辐射法预测冲击地压是一种很有发展前途的地球物理方法。

电磁辐射技术在煤矿领域中的应用目前在国内已经成熟，中国矿业大学提出了用电磁辐射法预测煤与瓦斯突出和冲击地压的技术方法，研制开发了 KBD5 矿用本安型煤与瓦斯突出电磁辐射监测仪和 KBD7 煤岩动力灾害非接触电磁辐射监测仪，已在全国很多矿区得以推广使用。

6.4　锚杆受力监测

巷道冒顶控制问题一直以来是巷道支护领域的研究热点和难点，冒顶事故具有较高的隐蔽性、突发性和高度危险性，随着煤矿井下开采条件的日趋复杂，即便进行科学合理的巷道布置，选择有利于巷道围岩稳定的开采方法，巷道冒顶隐患依然突出。因此，最有效的方法就是始终保证支护材料充分发挥其支护力作用，以防止巷道冒顶，这就需要对巷道锚杆(索)支护力进行有效监测。目前，采用支护材料工作阻力监测来评价巷道冒顶的危险程度，主要通过监测支护材料工作阻力是否达到其破断极限强度来实现，当其工作阻力高于其破断极限时，支护材料损坏，即出现巷道冒顶风险。随着传感器与终端仪表的发展，锚杆(索)支护力监测也出现了许多行之有效的手段与技术，如测力锚杆、振弦式锚杆测力计、压电式锚杆拉力计、液压测力计等，这些对锚杆(索)的受力监测起到了良好的作用。

针对以上问题，王国立等在《基于锚杆(索)支护力监测的巷道冒顶隐患预警技术》(王国立等，2016)一文中提出了基于锚杆(索)支护力监测的冒顶隐患预测方法，研发了可有效监测巷道冒顶隐患的预警仪，对于保证巷道锚杆(索)支护状态、优化支护设计、防治冒顶事故具有实际意义。

6.4.1 锚杆(索)支护力基础预警指标

锚杆(索)支护过程中，会有相当一部分锚杆(索)支护力处于非稳定状态，或是支护力临近锚杆(索)的破断强度，或是大变形巷道中锚杆(索)锚固失效导致支护力低下，都会使巷道产生因支护失效而引发的冒顶隐患，需要立即采取补强支护措施，确保巷道安全。锚索由于延伸性能较差，拉伸过程中材料的屈服阶段不明显，主要以破断强度为基础进行预警，当锚索支护力超过其80%破断强度时，就会有破断风险，当锚索支护力低于其20%破断强度时，即认为锚索锚固失效。对于锚杆来说，一般高于其屈服强度5%时，就有可能出现缩径，存在破断风险，当锚杆锚固失效或者施工时预紧力不足，其支护力低于1.5kN时，则认为施工质量不合格，其支护不能对顶板稳定性实现有效保障，出现冒顶隐患。欲实现巷道冒顶隐患的预警，需对表6-1中锚杆(索)预警阈值进行密切关注。

表6-1 锚杆(索)预警阈值

阈值类别	最大阈值	最小阈值
锚索	80%破断强度	20%破断强度
锚杆	105%屈服强度	15%屈服强度

6.4.2 锚杆(索)支护异常倾向识别指标

在巷道工程实际中，许多条件下巷道围岩变形是非对称的、不均匀的，当顶板变形量到达一定数值时，其变形异常区域通常就是冒顶隐患区域，最直接的表现就是变形异常区域的锚杆(索)支护力异常。然而对于这种异常区域的冒顶预警，仅通过表 6-1 中的锚杆(索)基本预警阈值进行冒顶预警，其补强措施难免会不及时。因此，为了及时识别这种锚杆(索)支护的异常情况，以锚杆(索)支护力均值与围岩变形速率为基础，提出了锚杆(索)支护异常判别方法，判别表达式如下：

$$p_m > \frac{p_1 + p_2 + \cdots + p_m + \cdots + p_n}{n} \times \left(2 - \frac{\delta_{\max}}{\delta_0}\right) \times 100\% \tag{6-1}$$

式中，p_n 为第 n 根锚杆(索)的支护力，kN；p_m 为目标锚杆(索)支护力，kN；$\delta_{\max}$ 为顶板最大下沉量，mm；δ_0 为锚索极限延伸量，mm。

由式(6-1)可以看出，其判别原理是：当某一根锚杆(索)支护力大于各根锚杆(索)支护力均值一定的百分比时，即认为其支护力有异常倾向，需要密切关注，制定补强支护措施，该百分比与围岩变形量密切相关，当顶板最大下沉量 $\delta_{\max}$ 较大时，如深井巷道、软岩巷道、强烈采动巷道等，某一根锚杆(索)高于各根锚杆(索)支护力均值，即属于支护异常；当顶板最大下沉量 $\delta_{\max}$ 大于锚索极限延伸量 δ_0 时，即支护严重异常，处理方法与达到表 6-1 锚杆(索)预警阈值的处理方法相同，现场测量时，其顶板最大下沉量 $\delta_{\max}$ 可在顶板下沉程度最大处通过表面位移观测方法获得。

具体应用时，在有锚索支护的条件下，只需采用式(6-1)进行锚索的判别，当采用无锚索支护(单独锚杆支护)时，就采用式(6-1)进行锚杆的判别。

6.5　多参量信息监测

一些专家集成了多种监测方法对巷道稳定性进行监测。例如，2008 年，Shen 将集成位移、应力与微震监测的综合监测系统应用于澳大利亚地下开采煤矿的监测中；2013 年，殷大发研发了包括顶板离层监测与锚杆受力监测的巷道围岩稳定监测预警系统，确定了顶板锚杆受力、两帮锚杆受力、顶板离层值的围岩稳定参考值；2011 年，连清望进行顶板信号、风流压强信号、支架荷载信号、支架缩量信号及巷道围岩声发射信号、锚杆荷载信号、巷道围岩位移信号的分析，采用模糊数学理论，进行顶板与巷道围岩监测系统的智能预警研究；2012 年，徐剑坤研发出了岩体变形实时监测实验系统，提出基于机器视觉的巷道变形实时监测方法，现场监测并预警煤矿巷道的变形破坏；

2012 年，赵一鸣建立了一套基于现代光纤传感技术的煤矿巷道围岩动态实时在线监测系统，并采用该系统对煤矿巷道锚杆杆体受力及演化进行了实测；2013 年，邓辉对泊江海子煤矿巷道进行试验研究，开展支护结构的受力、变形监测，据此来掌握围岩变形力学形态随时间的变化情况。同时，我国的煤矿监控系统研究经过引进、仿制和自主研发三个发展时期，近年来已得到很大发展。

第7章 深部层状巷道围岩稳定性监测相似模型实验

物理模拟实验是依托具体的工程背景展开的，在特定工程问题下进行基于相似理论的物理模拟实验相似参数计算，得到实验相似参数，选定或研发参数适宜的物理模拟实验系统，进行物理模拟实验体的构建，确定实验过程与适宜的实验数据采集方法。

7.1 工程背景与实验系统

7.1.1 工程背景

物理模拟实验的工程背景位于北京市门头沟区木城涧矿区大台矿井。该井田三面环山，中间发育着狭长的季节性河流——清水河。井田浅部分布第四系洪积、冲积、坡积砂砾卵石与次生黄土等，厚度一般为 5m，主要分布在清水河的河谷中和阶地上。井田内各支沟横穿煤系地层，河谷两侧植被不发育，冲积层很薄，基岩大部分裸露，经勘测得到井田平均标高为+400～+500m。

大台矿井 1954 年 9 月开工兴建，1958 年 5 月 20 日正式投入生产，2009 年核定大台矿井生产能力为 100 万 t/a。矿井采用多水平开拓布局，从–510～+288m 每延伸 100m 左右有一个生产水平。目前大台矿井共分为 9 个生产水平，采用竖井开采，矿井底板集中运输大巷，采区石门开拓煤层群。目前矿井主要采煤层处于–510m 水平，本书对–510m 水平运输巷进行研究，此段巷道埋深约为 1000m，巷道平面位置如图 7-1 所示。

通过现场实测与室内实验可得巷道延伸过程中依次穿过辉绿岩组、绿泥片岩组、煤岩组等。辉绿岩组呈灰、绿、暗紫色鱼块状，坚硬岩层为多向喷出岩体夹砂岩及砾岩，绿泥片岩组为黑色松软岩层。研究断面巷道围岩有煤岩组(包括 1 槽煤、3 槽煤)、辉绿岩组、绿泥片岩组，本书研究的巷道断面位于绿泥片岩组中。煤岩组、辉绿岩组及绿泥片岩组的物理力学参数见表 7-1。

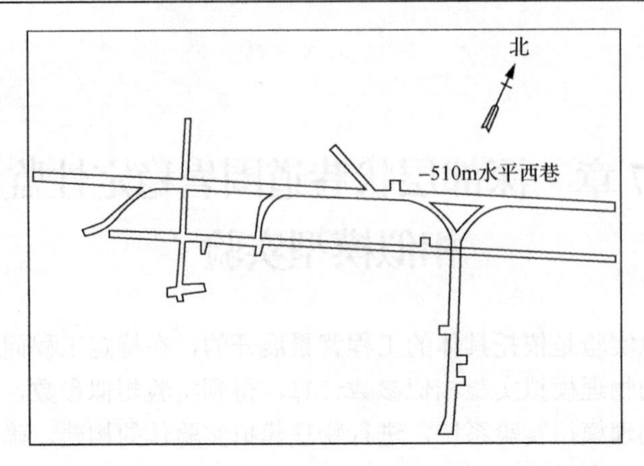

图 7-1　大台矿井–510m 水平运输巷道平面位置示意图

表 7-1　岩体力学参数

组别	容重 /(kN/m^3)	抗压强度 /MPa	抗拉强度 /MPa	弹性模量 /GPa	泊松比	黏聚力 /MPa	内摩擦角 /(°)
辉绿岩组	28.47	102.74	8.72	20.24	0.32	32.00	57.00
绿泥片岩组	27.45	46.96	4.57	16.82	0.18	7.70	54.00
煤岩组	18.29	14.82	0.37	7.20	0.21	0.48	48.00

大台矿井在水平巷道的掘进中–210m、–310m、–410m、–510m 水平岩巷均出现了巷道失稳破坏现象。随着开采深度的增加，巷道变形破坏越来越严重，矿井还要进行–610m 水平巷道的掘进与煤层开采，埋深已超过 1000m。本书以大台矿井–510m 水平运输巷道作为工程背景，进行深部巷道围岩稳定性监测预警方面的室内物理模拟实验与数值模拟研究，探究其变形破坏发生机理，归纳总结巷道围岩监测预警准则。

7.1.2　实验系统

岩石力学的研究手段有物理模拟、数值模拟、理论分析等，当工程的几何形状较简单时，利用数学与力学方法可计算出其应力场与位移场，但对于形状复杂的工程其应用受到很大影响。数值模拟受其本身及计算机软硬件的限制，在进行复杂工程的分析时不得不进行简化，且其关于岩土破坏过程中的理论还有待完善。采用物理模拟实验方法虽然较数值模拟方法有周期长、工作量大等缺点，但对于复杂的工程展开物理模拟，具有理论与实践的双重意义。

本书要探究深部巷道在支护条件下的超载变形破坏过程，并通过监测锚杆捕捉深部巷道在加载变形破坏过程中的前兆信息。采用 YDM-C 型岩体工程与地质灾害模拟实验系统，如图 7-2 所示，进行二维大尺度物理模拟实验研究。该实验装置主要由主机系统、液压控制系统、数据采集系统组成，具有一机多用的特点。其功能如下：

(1) 可在保持地应力荷载的同时对深部巷道开展分步开挖、锚固模拟作业。

(2) 可对物理模型进行超载下的变形破坏实验。

(3) 实验中可宏观探测模型的变形破坏过程，同时时刻对开挖洞壁位移和洞周应变进行测量。

(4) 可进行平卧实验与立面实验，模型立面实验可进行地应力与岩体自重对硐室的联合作用研究，模型平卧实验可进行地应力对硐室的作用研究。

(5) 除可用于地下硐室、巷道模拟实验外，还可进行平面条件下的边坡模拟实验。

(a) 主机结构

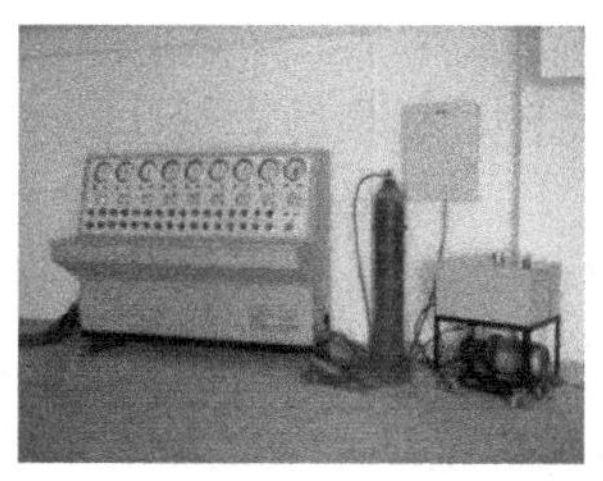

(b) 液压控制系统

(c) 数据采集系统

图 7-2　YDM-C 型岩体工程与地质灾害模拟实验系统

主机结构如图 7-2(a)所示。所采用的物理模拟实验系统主要技术指标如下。

(1) 模拟实验系统长 160cm、宽 160cm、高 40cm；

(2) 模拟实验系统主机长 331cm、宽 97cm、高 301cm；

(3) 模拟实验系统主机重(包括加载器) 12700kg；

(4) 模型内最大可开挖长 60cm、宽 60cm、高 40cm 的硐室；

(5) 模拟实验系统可持续加载 48h。

液压控制系统如图 7-2(b)所示，其实现对模拟加载实验的控制和执行，在加载过程中可实现非线性加载。

液压控制系统的技术指标如下。

(1) 液压控制系统电机额定功率为 2.2kW，额定电压为 380V；

(2) 液压控制系统电动油泵重 80kg；

(3) 液压控制系统稳压器总重 300kg；

(4) 液压控制系统稳压器尺寸：长×宽×高=195cm×84cm×157cm。

数据采集系统如图 7-2(c)所示，通过数据采集系统可实现实验过程中对实验数据的采集与处理。模拟实验采用的应变数据采集系统为 DH3818。数据采集系统由微型计算机、数据采集软件与硬件组成。其技术指标如下。

(1) 应变仪外形尺寸：长×宽×高=353mm×291mm×105mm；

(2) 测量点数：一台计算机控制 10 台静态应变测量仪，每台静态应变测量仪可控制 20 个应变测量通道；

(3) 可测应变范围：±19999με；

(4) 应变分辨率：1με；

(5) 数据采集系统采样速率：1 测点/s；

(6) 数据采集系统不确定度：小于 0.5%±3με；

(7) 数据采集系统零漂：≤4με/2h。

7.2 相似参数与相似材料

在物理模拟实验中求得相似准则是实验的重中之重。求相似准则的方法有很多种：定律分析法、方程分析法和量纲分析法。任何一个完善正确的物理方程，其各个量的因次(也称量纲即被量测的量的种类)一定相同，物理现象的方程各项因次都是齐次的，π 定理也是在因次分析的基础上导出的。对于一个物理现象，只要正确确定其参数，再通过因次分析考察参数的因次，就可以求得其相似准则。因次分析法对于规律未充分掌握、机理不清楚的复杂现象来说，是获得相似准则最常用的方法。

7.2.1 相似准则

本书进行深部层状巷道的变形破坏监测预警物理模型研究，在实验设计时考虑了现场工程地质岩体的物理力学性质及所采用相似材料的力学参数，物理模型所采用的模型加载系统的形状与尺寸，工程地质岩体所处的地应力情况与模型加载系统设计加载值，工程地质岩体边界条件与物理模型边界条件、工程地质岩体与相似材料的变形特征，工程地质岩体具有的非连续性及各向异性等因素。

依据相似理论，上述相似条件应从几何学、力学平衡方程、胡克定律及边界条件等方面导出。在进行物理模型的设计时要确定原型条件与物理模型之间的相似系比，在实验中决定模拟实验过程物理现象的物理量为：几何、位移、应变、应力、泊松比、弹性模量、密度、体积力、内聚力、摩擦系数、边界力和抗压强度 12 个参数，其相似比定义如式(7-1)~式(7-3)所示：

$$C_l = l_{\rm p} / l_{\rm m}, C_v = v_{\rm p} / v_{\rm m}, C_\varepsilon = \varepsilon_{\rm p} / \varepsilon_{\rm m}, C_\sigma = \sigma_{\rm p} / \sigma_{\rm m} \tag{7-1}$$

$$C_\mu = \mu_{\rm p} / \mu_{\rm m}, C_E = E_{\rm p} / E_{\rm m}, C_\rho = \rho_{\rm p} / \rho_{\rm m}, C_X = X_{\rm p} / X_{\rm m} \tag{7-2}$$

$$C_C = C_{\rm p} / C_{\rm m}, C_f = f_{\rm p} / f_{\rm m}, C_{\overline{X}} = \overline{X}_{\rm p} / \overline{X}_{\rm m}, C_{\sigma_{\rm c}} = \sigma_{\rm c_p} / \sigma_{\rm c_m} \tag{7-3}$$

式中，C_l、C_v、C_ε、C_σ、C_μ、C_E、C_ρ、C_X、C_C、C_f、$C_{\overline{X}}$与$C_{\sigma_{\rm c}}$分别为几何、位移、应变、应力、泊松比、弹性模量、密度、体积力、内聚力、摩擦系数、边界应力与抗压强度的相似常量。l、v、ε、σ、μ、E、ρ、X、C、f、$\overline{X}$、$\sigma_{\rm c}$分别表示几何、位移、应变、应力、泊松比、变形模量、密度、体积力、内聚力、摩擦系数、边界力与抗压强度的参数，原型参数标注下标 p，物理模型参数标注下标 m。

物理模型需要满足如式(7-4)~式(7-7)所示的相似准则：

$$\frac{C_\sigma}{C_\rho C_l} = 1 \tag{7-4}$$

$$\frac{C_v}{C_\varepsilon C_l} = 1 \tag{7-5}$$

$$\frac{C_\sigma}{C_\varepsilon C_E} = 1 \tag{7-6}$$

$$C_\varepsilon = C_f = C_\mu \tag{7-7}$$

在模型参数选取中要控制重要因素，如模型的大小受到物理模拟实验可加载尺寸的限制，本书在模拟实验中不但要再现巷道围岩变形破坏的过程，还要进行相关物理参数的探测，因此依据模型可加载尺寸与工程背景巷道实际尺寸确定最优几何相似比，然后再依据相似定律与工程现场岩体力学参数确定模型的对应参数。

7.2.2　相似参数

在进行物理模拟实验的过程中想要完全地满足如 7.2.1 节中所列的相似条

件是非常困难的，当原型条件非常复杂时完全满足相似条件基本是不可能实现的，如果追求相似条件的完全相符会大大限制相似理论的应用范围，因此在实际中我们不必刻意追求满足所有的相似条件，进行物理现象的相似分析时只要抓住影响相似结果的主要因素，次要因素如不满足相似时其对结果无重大影响就可以忽略，这就是相似分析中近似相似的方法，即抓住事物的主要因素，略去次要因素进行实验与实验结果的整理。

在本物理模拟实验中，保持应力等主要因素的相似条件，实验完成后已经可以得到足够准确的实验结果。在工程问题的研究中近似相似方法已得到广泛的应用。

本实验主要研究物理模型在加载情况下的破坏，因此在模型设计时以强度相似为主要相似条件。

大台矿井–510m 运输巷道实际尺寸为长 4.5m、宽 4.5m、高 3m，物理模拟实验系统加载尺寸为 1600mm×1600mm×400mm，根据围岩影响圈与模拟实验系统加载尺寸确定几何相似比为 $C_l = 15$，则模型巷道尺寸为长 300mm、宽 300mm、高 200mm。

根据模型最大荷载集度与工程岩体力学参数确定应力相似比为 $C_\sigma = 9$。根据式(7-4)及确定的几何与应力相似比可得密度相似比 $C_\rho = \dfrac{9}{15} = 0.6$。

依据得到的应力与密度相似比，结合表 2-1 中给出的工程岩体常用的量纲表达式，可以计算得到设计模型材料的力学参数，见表 7-2。

表 7-2　设计模型材料的力学参数

岩组组别	容重/(kN/m^3)	抗压强度/MPa	抗拉强度/MPa	弹性模量/GPa	泊松比
辉绿岩组	17.08	11.41	0.96	2.24	0.32
绿泥片岩组	16.47	5.21	0.51	1.87	0.18
煤岩组	10.97	1.65	0.07	0.80	0.21

7.2.3　相似材料

何满潮院士提出利用不同规格的物理有限单元板来模拟不同工程岩体，即利用砂岩单元、泥岩单元、煤层单元三种有限单元板来模拟相应岩体。本实验模拟岩体为辉绿岩体、绿泥片岩体及煤体，采用石膏粉与水为材料，通过调节石膏粉与水的比例配置满足相似条件的有限单元板，用以模拟不同强度的工程岩体。本次实验有三种不同工程岩体，因此经多次配比实验，配置了三种不同配比的有限单元板，有限单元板制作流程如图 7-3 所示，有限单元板尺寸与配比见表 7-3。

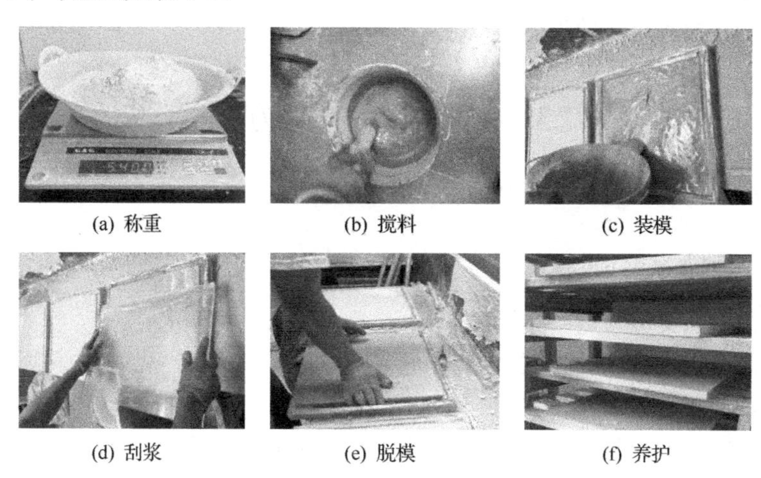

(a) 称重　(b) 搅料　(c) 装模

(d) 刮浆　(e) 脱模　(f) 养护

图 7-3　有限单元板制作流程

表 7-3　物理有限单元板规格

模拟岩层	辉绿岩	绿泥片岩	煤体
尺寸/(cm×cm×cm)	40×40×2	40×40×2	40×40×2
水膏比	0.8：1	1：1	1.2：1

在配比实验中，制作不同水膏比的实验试件，经养护后分别进行巴西劈裂实验与单轴压缩实验等，得到不同配比下的抗压强度、泊松比、弹性模量、抗拉强度参数，获得可以模拟三种工程岩体的物理有限单元板力学参数，本实验模型所用有限单元板主要力学参数见表 7-4。

表 7-4　实际有限单元板参数

岩组组别	容重/(kN/m^3)	抗压强度/MPa	抗拉强度/MPa	弹性模量/GPa	泊松比
辉绿岩组	10.45	9.58	0.99	3.35	0.12
绿泥片岩组	9.83	5.50	0.54	2.02	0.24
煤体岩组	7.46	2.14	0.22	0.75	0.35

在制作物理有限单元板的过程中，难免存在一些问题如材料配比的误差、养护环境的不同、材料配比方法的不完善等，因此实际制作出的单元板与设计的模型材料存在一定的物理力学方面的差异，难以完全满足模型设计所要

求的相似比。因此，在实际配置与制作单元板时在抗压强度、抗拉强度及弹性模量参数上尽量减少差异，保证这些差异在容许范围内，使本实验所制作的有限单元板满足实验误差的要求。

7.3　模型实验监测方案

7.3.1　小型恒阻大变形锚杆(索)受力监测

1. 恒阻大变形锚杆(索)

1) 恒阻大变形锚杆(索)简介

目前巷道支护中广泛采用锚杆(索)支护形式，其支护成本低、成巷速度快且支护效果好。

随着巷道开采深度的增加，在深部开采条件下，受开采扰动、高地压、高渗透压、高低温等影响，巷道破坏经常表现为非线性大变形的特点，而传统的小变形锚杆(索)所承受的巷道围岩变形量在200mm之内，已经不能适应深部巷道围岩的大变形破坏特征，因此在巷道支护工程中常出现锚杆(索)不能适应围岩的大变形发生拉断破坏而失效，进而造成巷道塌方、冒顶等事故。

鉴于小变形锚杆(索)在深部巷道支护中的劣势，国内外学者进行了锚杆(索)可拉伸方面的研究，其在巷道蠕变阶段可提供恒定的支护阻力，并可提供较大的延伸量，一般称为可延伸锚杆(索)或能量吸收锚杆(索)。

20 世纪 80 年代，国内开始进行这方面的研究，国外进行吸能锚杆(索)方面的研究已有 20 多年的历史。1995 年，能量吸收锚杆(索)的设计原则由 Kaiser 与 McCreath 提出，围岩变形时锚杆(索)杆(索)体具有滑移特征及一定的伸长率，其应用于受瞬间荷载影响的地下工程围岩支护中，如岩爆、工程爆破等。

Jager 研发出锥形锚杆(索)(cone bolt)，其由扁平锥形端头与光滑金属杆体组成，金属杆体外表面涂抹薄层蜡状润滑材料，实现了锚杆(索)受拉时在注浆体中的滑移，是第一套真正意义上的能量吸收锚杆(索)。近年来，随着国内外能量吸收锚杆(索)需求的扩大，国内外专家进行了吸能锚杆(索)的研究与发明工作，已经研发出了各种类型的吸能锚杆(索)。1995 年，A. Ansell 研制出一套吸能锚杆(索)，此种锚杆(索)无套管结构，经实验研究表明该锚杆(索)支护应力达到 300MPa，最大变形量约为 24cm。2007 年，Charette 与 Plouffe 研制出了 Roofex 锚杆(索)，该锚杆(索)直径 12.5mm，长度 1.8m，通过实验研究表明该锚杆(索)支护阻力达到 80kN，在支护过程中呈现恒阻的特点，经实测表明锚杆(索)长度可达 300mm，此锚杆(索)在巷道围岩变形时保持锚杆(索)的支护阻力值不变，适用于软岩大变形巷道的支护。2010 年，Li 研制出吸能支护装置 D 形锚杆(索)，经静力拉伸实验得到其支护阻力最高达 250kN，最大变形量约为 60mm。

通过上述描述发现这些大变形锚杆(索)通过改变材料属性或点状摩擦结构来实现锚杆(索)的可延伸特性，但在实际应用中常表现为阻力的增加或降低，无法实现真正的恒阻大变形，显然其在工程应用中也难以提供恒定的支护阻力，同时也难以提供较大的变形量。

鉴于此，在恒阻大变形控制理念的指导下，何满潮院士对几种典型的能量吸收锚杆(索)的力学特性、结构特性、工作机制进行分析，研发出了一种新型的能量吸收锚杆(索)，称为 HMG 恒阻大变形锚杆(索)。

2)恒阻大变形锚杆(索)组成及力学特征

通过大量的室内实验，并经工程现场实验研究，可得恒阻大变形锚杆(索)有较大的变形量，在变形过程中还可提供基本恒定的支护阻力。恒阻大变形锚杆(索)结构主要包括螺母、球垫、托盘、恒阻装置与杆体等。恒阻装置可提供变形与恒阻力，托盘与螺母装在恒阻装置的尾部，恒阻装置与螺母通过螺纹连接。恒阻大变形锚杆(索)如图 7-4 所示。

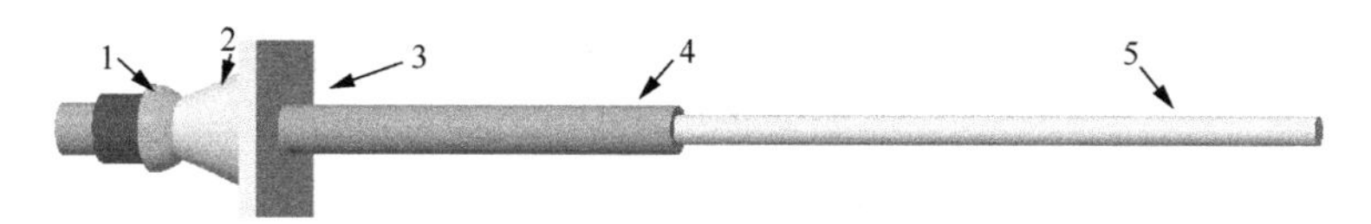

图 7-4　恒阻大变形锚杆(索)示意图

1-螺母；2-球垫；3-托盘；4-恒阻装置；5-杆体

恒阻装置是恒阻大变形锚杆(索)的主要组成部分，为保证恒阻装置起到恒阻的作用，将恒阻装置的恒阻力设计值设计为锚杆(索)杆(索)体强度的 80%~90%，以保证其起作用时杆体不会发生破坏。用恒阻大变形锚杆(索)进行巷道围岩的支护，当围岩发生较大的变形时，恒阻大变形锚杆(索)可在维持阻力恒定的同时保证持续的变形，用以吸收围岩的变形。因此，当围岩在发生了大变形的状态下，其仍能起到很好的支护效果。

恒阻大变形锚杆(索)的工作原理如图 7-5 所示，可以分为弹性变形阶段、结构变形阶段与极限变形阶段。在弹性变形阶段，围岩变形较小，围岩变形通过托盘与内锚固段施加到杆(索)体上，此时杆(索)体轴力小于恒阻大变形锚杆(索)的恒阻力设计值，依靠杆(索)体的弹性变形即可抵抗岩体的变形破坏。进入结构变形阶段后，恒阻装置开始起作用，依靠恒阻装置的结构变形抵抗围岩变形。围岩变形达到一定程度后恒阻大变形锚杆(索)进入极限变形阶段，此时巷道围岩的变形能实现释放，外部荷载降低到小于恒阻力设计值的状态，巷道归于稳定状态。

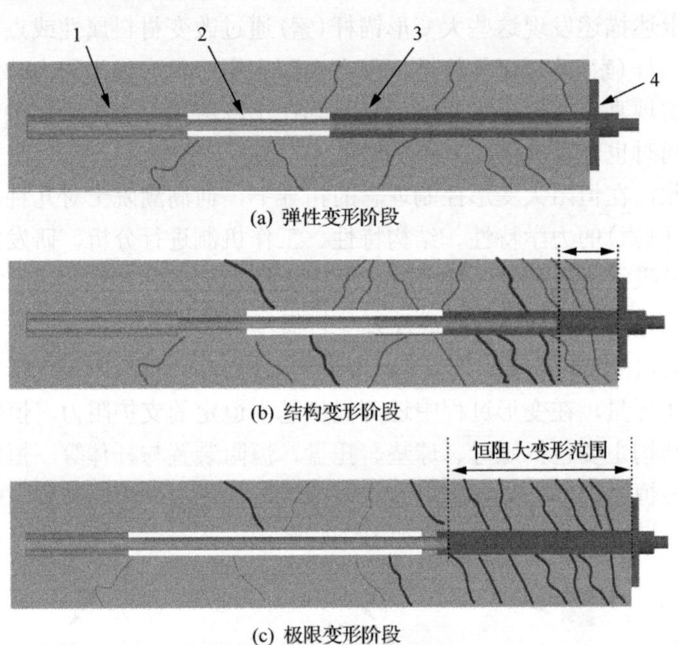

图 7-5　恒阻大变形锚杆(索)工作原理

1-锚固段；2-杆体；3-恒阻装置；4-托盘

恒阻大变形锚杆(索)已经进行了力学特性的实验研究，如静力拉伸实验、动力冲击特性实验、霍普金森压杆动力冲击拉伸特性实验等。通过静力拉伸实验可得恒阻大变形锚杆(索)的最大变形量为 758.7mm，远超同长度下的普通锚杆(索)，且在最大变形范围内，恒阻值可保持在 155kN 左右。恒阻大变形锚杆(索)吸收能量的能力强，可以有效地吸收地下巷道围岩变形释放的能量。

目前，恒阻大变形锚杆(索)已在众多巷道支护项目中得到了应用，如沙吉海矿中生代软岩巷道、北皂矿海下开采软岩巷道、清水矿古近系软岩巷道等。通过现场应用证明恒阻大变形锚杆(索)能够在围岩大变形中提供恒定的支护阻力，实现了支护体与围岩共同作用的巷道稳定性控制目标。恒阻大变形锚杆(索)具有较高的支护恒阻力、较大的拉伸量、吸收能量能力强的特点，为深部巷道及软岩大变形巷道工程的稳定控制提供了有效的支持。

2. 小型恒阻大变形监测锚杆(索)设计与布置

1) 实验监测锚杆(索)设计及拉伸实验

本书以恒阻大变形锚杆(索)为研究对象，进行基于恒阻大变形锚杆(索)的深部巷道围岩稳定性物理模拟实验研究，研发出适于室内物理模拟实验的小型恒阻大变形监测锚杆(索)。小型恒阻装置组成与装配如图 7-6 所示，由图 7-6 可见小型恒阻装置由钢拉杆、螺钉、聚四氟乙烯内套、钢外套组成。钢外套组装在聚四氟乙烯内套外部，钢拉杆组装 3 枚螺钉放置在聚四氟乙烯内套内，通过螺钉与聚四氟乙烯内套套壁的滑动摩擦产生恒阻大变形的效果，通过调节螺钉的大小可以调整恒阻力值的大小。

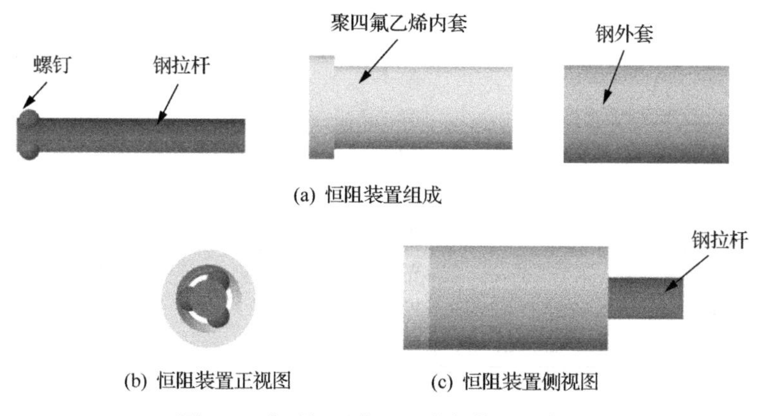

图 7-6　小型恒阻装置组成与装配示意图

参考前人在相似物理模拟实验中对锚杆(索)等支护结构的研究方法，实验中所采用的支护结构仅考虑力学相似与几何相似。依据物理模型相似理论，支护锚杆的几何相似比为 $C_l = 15$，用于计算物理模型锚杆的长度与直径。力学相似比 $C_F = C_\rho C_l^3 = 0.6 \times 15^3 = 2025$，可用于物理模型锚杆(索)的预紧力与拉断荷载的计算。

为选用符合相似比的模型所用锚杆，本书对不同直径的铜丝、铝丝、铁丝、钛丝进行了拉伸实验，拉伸实验机最大荷载为 1000N，量程为 200mm。经过实验得到不同规格荷载-位移拉伸曲线，拉伸实验如图 7-7 所示，拉伸材料见表 7-5，不同规格的金属丝材料拉伸曲线如图 7-8 所示。

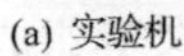

(a) 实验机　(b) C1-1试样　(c) A1-1丝试样　(d) W1-1丝试样　(e) T1-1丝试样

图 7-7　部分锚杆相似材料拉伸实验

表 7-5　锚杆相似材料试样及编号

相似材料	试样编号	直径/mm
铜丝	C1-1~3	1.0
铝丝	A1-1~3	1.0
	A2-1~3	1.5
	A3-1~3	2.0
	A4-1~3	2.5
	A5-1~3	3.0
铁丝	W1-1~3	0.5
	W2-1~3	0.9
	W3-1~3	1.6
钛丝	T1-1~3	0.5
	T2-1~3	0.9
	—	—

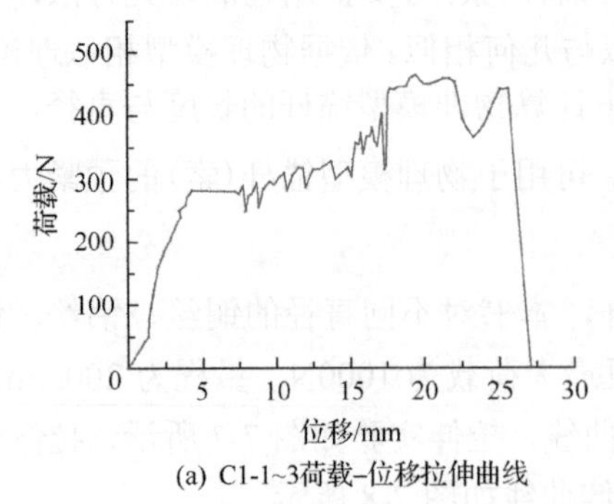

(a) C1-1~3荷载-位移拉伸曲线

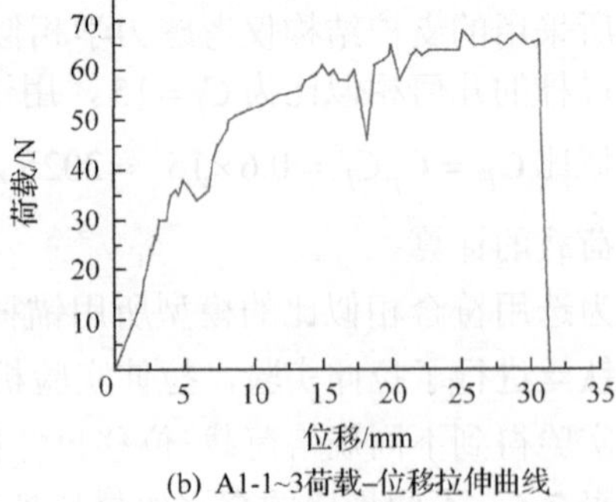

(b) A1-1~3荷载-位移拉伸曲线

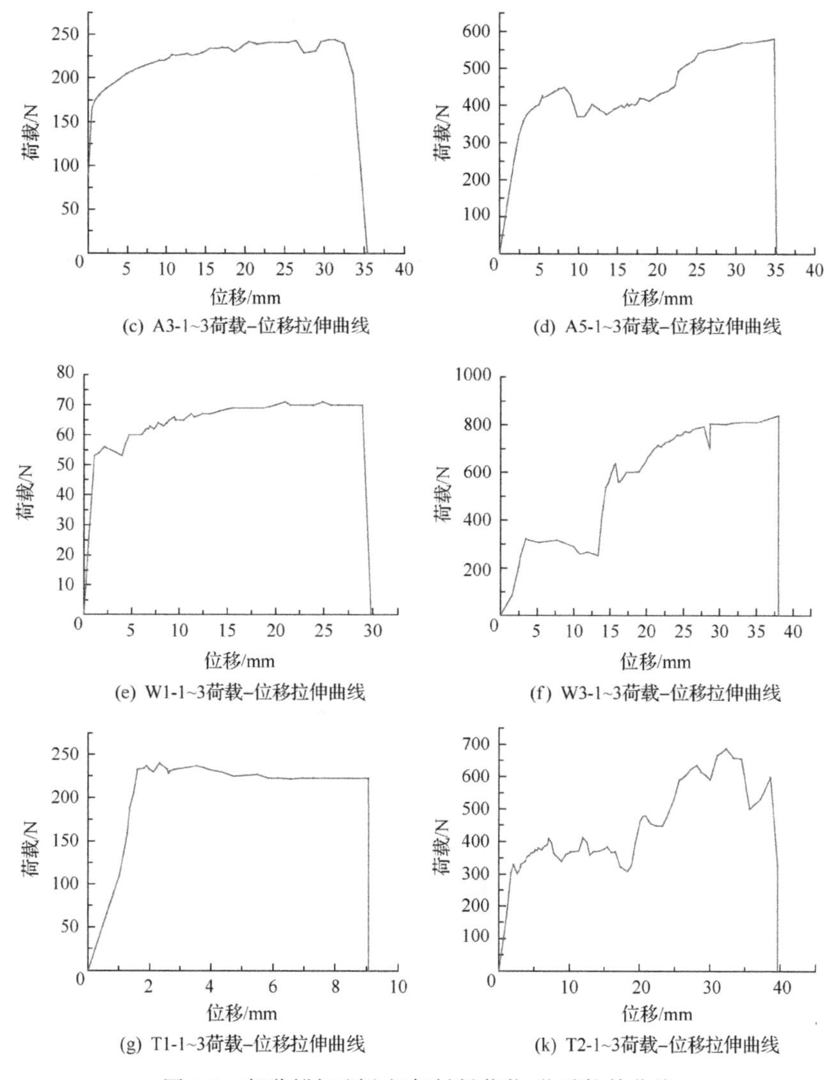

图 7-8　部分锚杆(索)相似材料荷载-位移拉伸曲线

得到与现场支护锚杆(索)精确相似的材料较困难，因此本书结合锚杆(索)相似材料拉伸实验与工程现场支护情况，选取相似程度最好的材料进行模拟实验，尽量满足几何相似比。模型顶板支护锚杆(索)采用直径为 0.5mm 的钛丝进行模拟，两帮支护锚杆(索)采用直径为 0.5mm 的铁丝进行模拟，可得锚杆(索)原型与模型物理力学参数，见表 7-6。

表 7-6　锚杆(索)原型与模型物理力学参数

锚杆(索)类型		荷载值/N	预紧力/N	长度/m	直径/m
顶板支护锚杆	原型	500000	150000	6	0.012
	模型	247.0	74.1	0.4	0.0005
两帮支护锚杆	原型	160000	50000	4	0.008
	模型	79.0	24.7	0.27	0.0005

物理模拟实验所采用的普通支护材料可使用表7-2中的相似材料，小型恒阻大变形锚杆(索)杆(索)体部分采用与一般锚杆(索)相同的相似材料，锚杆(索)相似材料与小型恒阻装置组成小型恒阻大变形锚杆(索)，恒阻装置为满足力学与几何相似比，选用的聚四氟乙烯内套直径为 11mm，长度为 40mm，即恒阻装置可提供 40mm 的伸长量。与恒阻装置配套的托盘采用外径 60mm、内径 10mm、厚度 2.5mm 的镀锌四方形垫片。通过调节钢拉杆上螺钉的长度可调整恒阻装置提供的恒阻力的大小，本书设计的恒阻装置的恒阻力值为锚杆杆体强度的 90%。小型恒阻大变形锚杆(索)如图 7-9 所示。

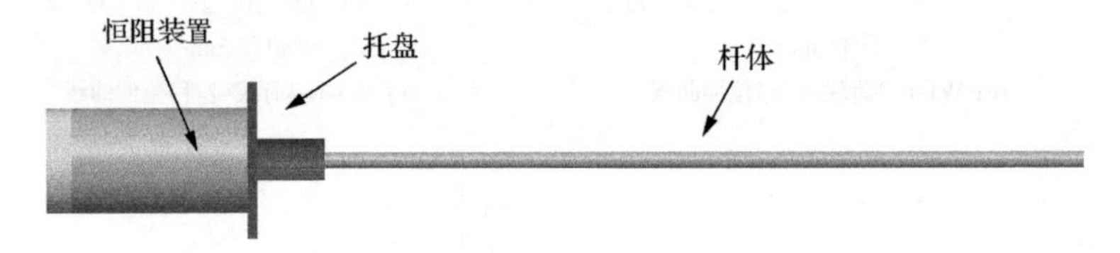

图 7-9　小型恒阻大变形锚杆(索)示意图

2) 实验监测锚杆(索)组成与布置

为进行深部巷道变形破坏物理模拟实验的研究，选用高精度拉压传感器实时测量锚杆(索)拉力，将其与普通锚杆(索)或恒阻大变形锚杆(索)组合成集支护与监测为一体的监测锚杆(索)，所选用的拉压传感器量程为 1000N，精度为 0.01N，监测锚杆(索)的组成如图 7-10 所示。

参考工程现场巷道支护情况与物理模拟实验实际条件，物理模拟支护采用顶板布置锚杆(索)、两帮布置锚杆(索)。确定物理模拟监测锚杆(索)支护情况为在两帮共布置 4 根监测锚杆(索)，锚杆(索)长度为 270mm，其中恒阻大变形监测锚杆(索)2 根，拉伸量为 40mm。在顶板布置 4 根监测锚杆(索)，锚杆(索)长度为 400mm，其中恒阻大变形监测锚杆(索)2 根，拉伸量为 40mm。恒阻大变形监测锚杆(索)与非恒阻大变形监测锚杆(索)交错布置如图 7-11 所示，监测锚杆(索)布置与编号情况见表 7-7。

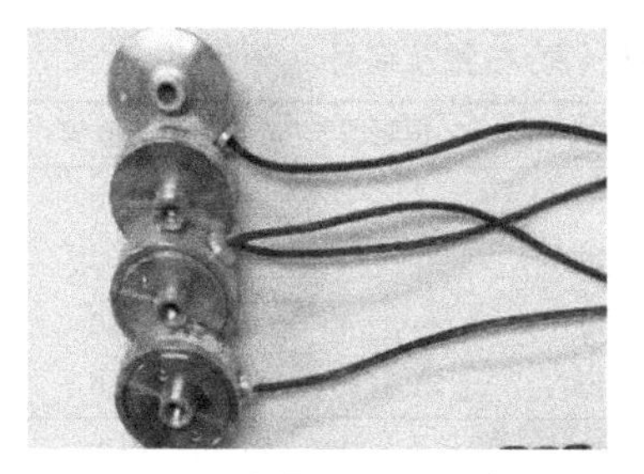

(a) 高精度拉压传感器

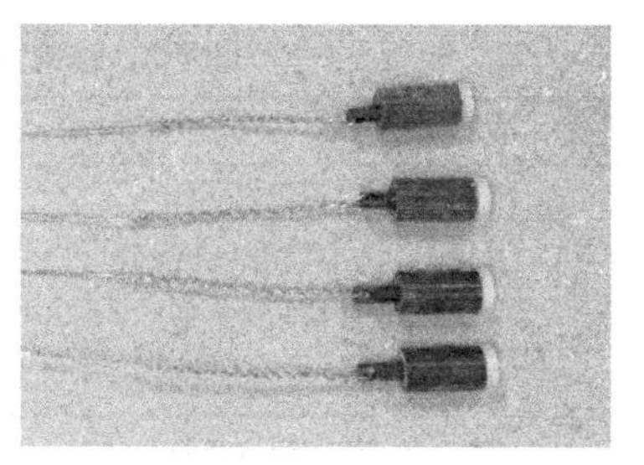

(b) 小型锚杆(索)

图 7-10　监测锚杆(索)组成

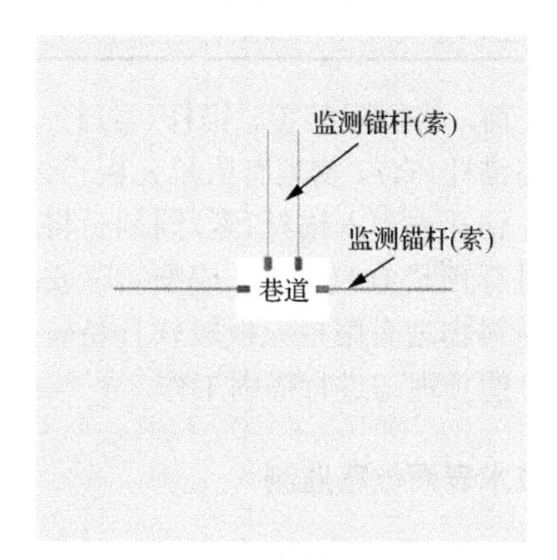

(a) 正视图

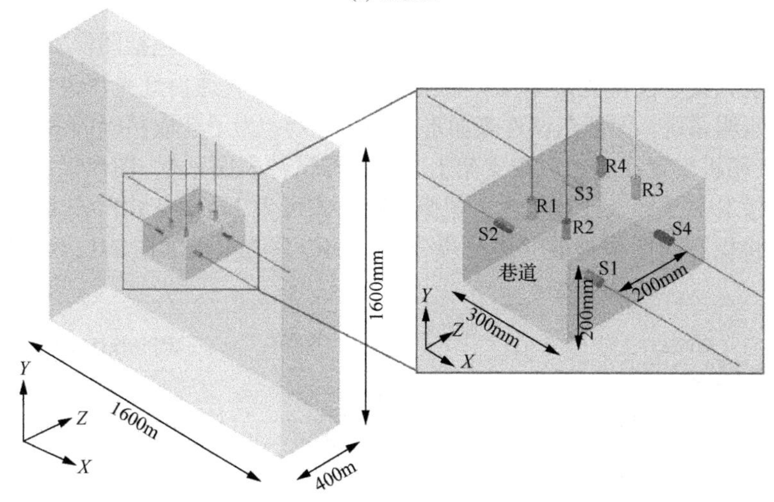

(b) 轴测图

图 7-11　物理模型监测锚杆(索)布置示意图

表 7-7 监测锚杆(索)布置及编号

布置位置	编号	类型	锚杆总长/mm	恒阻段长/mm	荷载值/N	恒阻值/N
顶板锚杆	R1	恒阻大变形	400	40	247.0	222.3
	R2	非恒阻大变形	400	0	247.0	无
	R3	恒阻大变形	400	40	247.0	222.3
	R4	非恒阻大变形	400	0	247.0	无
两帮锚杆	S1	恒阻大变形	270	40	79.0	71.1
	S2	非恒阻大变形	270	0	79.0	无
	S3	恒阻大变形	270	40	79.0	71.1
	S4	非恒阻大变形	270	0	79.0	无

在锚杆(索)安装之前，将恒阻装置、锚杆(索)杆(索)体、拉压力传感器、托盘组合加工形成监测锚杆(索)，物理有限单元板搭建的模型体巷道形成后，在设计部位进行钻孔，钻孔内灌入锚杆(索)固剂后将监测锚杆(索)安装入孔内，待锚固剂固化后进行预紧力的施加。模型实际安装锚杆(索)时由于锚杆(索)长度过长、石膏材料物理有限单元板较软且易破碎，因此在搭建有限单元板时即进行锚杆(索)的预埋与进行锚固工作。

7.3.2 数字图像相关技术表面位移监测

1. 测量系统与流程

本书采用 MTI-2D 数字图像相关测量系统，系统主要包括图像采集系统、照明系统、数字图像处理系统。在实验中，可采用普通白灯光作为光源，也可加设照明系统，保证在试件表面形成均匀光场。为了获取精确的变形图像，将 CCD 相机安置在精密三维支架上并使之与试件表面平行。图像采集后直接存入图像卡中并导入计算机内。图像保存格式可为 bmp 或 tiff。在图像分析步骤中将保存的图像提取并进一步分析，DIC 系统组成如图 7-12 所示。

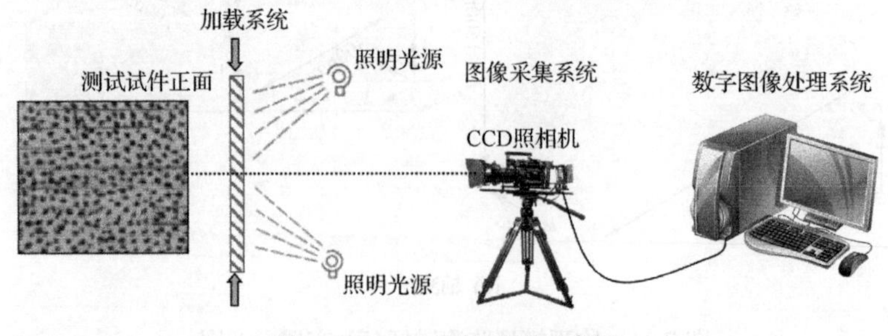

图 7-12 DIC 系统组成示意图

本实验所采用的数字图像相关测量系统主要设备参数如下所述。

系统硬件中 CCD 相机参数如下。

(1) 相机型号：AVT_Stingray_F-201；

(2) 像素：1600 像素×1200 像素；

(3) 最大帧数：15 帧/s；

(4) 数码转换：14bit 数码转换器。

光源采用高强度卤素灯，控制电脑需具有 1TB 硬盘存储量，8G 内存。

系统软件参数如下。

(1) MTI-Grabber 图像采集控制软件；

(2) MTI-2D 二维应变测量和参数反求分析软件；

(3) 软件位移分辨率：0.01 个像素平面；

(4) 软件位移解析度：(160mm/1600 像素)×0.001 像素=0.0001mm=0.1μm；

(5) 应变分辨率：0.005%；

(6) 应变量测范围：0.005%~2000%。

其中 MTI-2D 软件用于计算全场的位移值、应变值等，其可得到的结果如下。

(1) x, y——点的坐标值；

(2) u, v——点的水平向，竖向位移值；

(3) Exx, Eyy, Exy——x 方向真应变，y 方向真应变，xy 方向剪切应变。

实验流程主要包括测量试件的准备工作、实验过程的图像采集和图像分析。

测量试件的准备工作：通过分析被测物表面图像的灰度特征获取变形信息。因此在实验前试件表面需要存在人工或者天然散斑，在实验中得到随机散斑的方法有：①试件表面自然存在的纹理；②喷漆等方法人工制作散斑；③激光干涉在试件表面形成散斑。

本书采用喷漆制作散斑法，喷漆一般选择哑光漆，防止产生镜面反应。质量好的散斑图要求具有高对比度、各向异性及非重复性，分析软件在处理散斑图时将试件表面视作灰度强度的对比区域，因此本书在白色石膏板上喷涂黑色漆来形成黑色斑点。散斑点不能过大或过小，如果散斑点太大，某一个子区会整体处于全为黑色或者白色的区域，在进行分析时很难找到较好的匹配散斑，如果散斑点过小，相对会造成相机分辨率不足的问题。因此要选择最优的散斑点尺寸，一般散斑点大小为 3~4 个像素，散斑点的制作如图 7.13(a)所示。

利用数字图像相关技术进行实验过程的图像采集，首先架设并调整照明光源，使其对被测试件均匀照明[图 7-13(b)]；其次架设并调整 CCD 相机，使其光轴与试件表面垂直，进行测试距离的调整，保证采集的图像清晰；最后开始进行实验，实时采集并保存试件表面的图像，CCD 相机图像采集如图 7-13(c)所示。

图像采集完成后，对保存的图像进行分析，即可得到被测物表面位移场、应变场等信息。

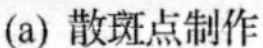

(a) 散斑点制作

(b) 照明光源

(c) 图像采集

图 7-13　散斑点制作与图像采集

7.3.3　应变片应变监测

本书所用应变片选用北京一洋 BA120-3BA 型应变片，基底尺寸为长×宽=12.5mm×12mm，应变片敏感栅尺寸为长×宽=3mm×2mm，电阻值为 119.8±0.2Ω，灵敏系数为 2.10%±1%，基底为胶基。应变片粘贴时在物理有限单元板厚度方向挖深度约 2mm 厚的凹槽，保持凹槽平整，然后使用 AB 胶粘贴并进行约 10min 的养护，粘贴时保证应变片与凹槽粘贴平整、牢靠。在 45°倾角岩层物理模型中，采用 45°直角应变花。

为获取物理模型在变形破坏过程中的应变场信息，在 45°倾角岩层模型内部均布置了多个应变片，应变片监测面为模型 Z 向内侧 200mm 面，每台模型布置应变片 62 个，在巷道周边适当加密，应变片布置如图 7-14 所示。

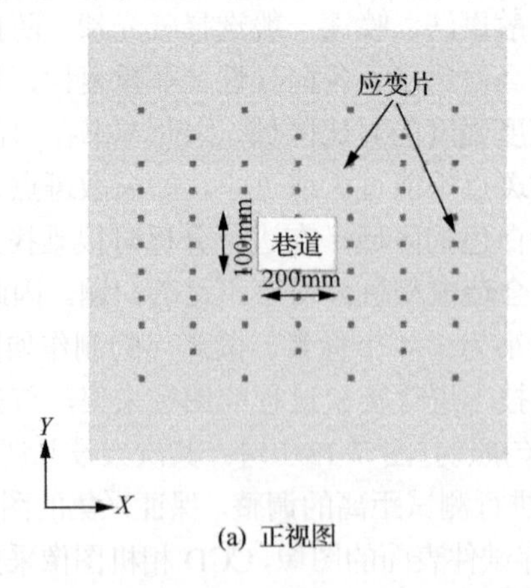

(a) 正视图

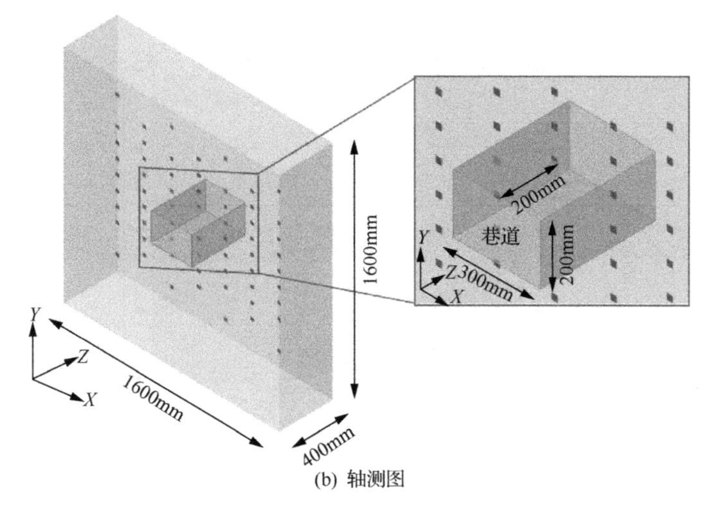

(b) 轴测图

图 7-14　物理模型应变片布置示意图

7.4　模型实验过程

7.4.1　模型体设计与构建

1. 模型体设计

搭建物理有限单元板构建模型体，使物理有限单元板几何尺寸与力学参数满足模型实验相似条件，物理模型是连续介质与非连续介质的复合体，依据构建物理模型的原则，模拟岩体的不连续构造，如节理裂隙等。

本书单元板的逐层铺设模拟工程岩体构造面与次生破裂面，次生节理由单元板构造，节理弱面由同一类型但不同层的单元板构造，层理面由不同类型单元板构造。物理有限单元板构建的模型体可再现工程岩体的真实结构，通过调整单元板铺设时的角度还可模拟不同岩层倾角的工程岩体。

根据大台矿井工程地质资料中的岩层情况与物理有限单元板原理，构建的 45°倾角岩层模型体如图 7-15 所示。图中 1~6 号岩层依次为 180mm 厚的绿泥片岩，220mm 厚的煤岩，560mm 厚的绿泥片岩，80mm 厚的煤岩，160mm 厚的绿泥片岩与 400mm 厚的辉绿岩。构建的 45°倾角岩层模型体尺寸：长×宽×高=1600mm×1600mm×400mm，巷道位于模型的中间位置，所处位置位于绿泥岩组中，巷道尺寸为 300mm×200mm。

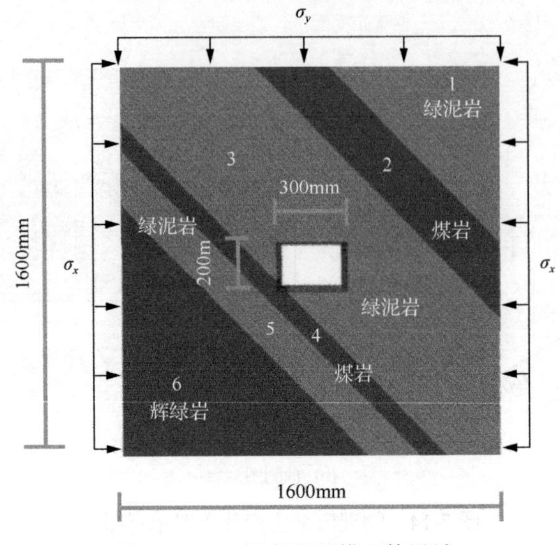

图 7-15　45°倾角岩层模型体设计

45°倾角岩层模型体除岩层倾角不同外，其他条件如边界条件、应变片的布置、巷道的几何位置、加载方式等均保持一致，便于进行实验结果的对比分析。模型体在完成单次实验后，如果部分有限单元板未破坏，可回收，实现实验材料的循环使用，通过这种方式可克服模型体实验花费高、周期长的缺点，大幅提升物理实验的效率。

2. 模型体设计

完成物理有限单元板的制作与养护后，依据本小节第一部分的模型设计即可开展物理模型实验，本书进行了 45°岩层的深部巷道围岩变形破坏物理模型实验，实验过程包括：首先进行应变片的制作及埋设，模型体的搭建及监测锚杆(索)的预埋，实验监测系统的准备与调试；其次进行模型体加载实验，同时进行相关数据的采集工作；最后进行实验数据的处理。具体的实验过程如下所述：

(1)应变片的制作及埋设。首先在养护完成的物理有限单元板侧面挖槽，粘贴应变片，其次在搭建模型过程中通过有限单元板的布置实现应变片监测点的布置，应变片的粘贴与埋设如图 7-16 所示。

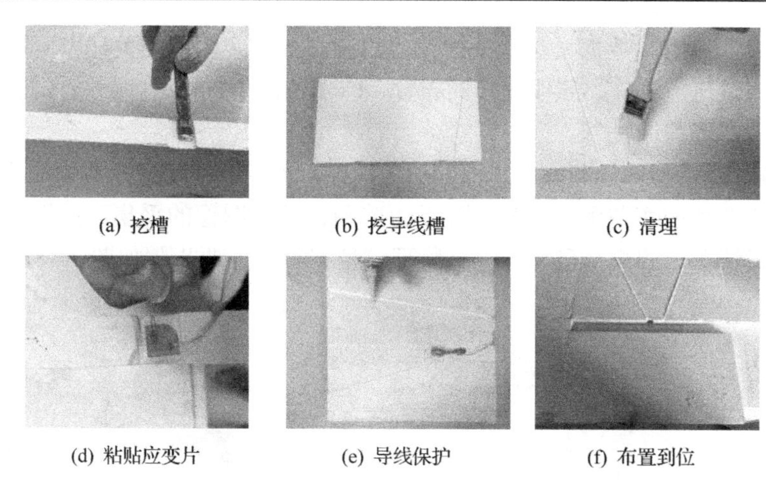

(a) 挖槽　(b) 挖导线槽　(c) 清理

(d) 粘贴应变片　(e) 导线保护　(f) 布置到位

图 7-16　应变片的粘贴与埋设过程

(2)模型体的搭建及监测锚杆(索)的预埋。利用物理有限单元板，依据物理模型的设计方案搭建模型，搭建过程中上下层间错缝，并保证每层间隙尽量减小；实验进行了 45°岩层的模型体搭建，岩层模型体搭建时每层单元板与水平面呈 45°倾角。当模型搭建到巷道两帮及顶板锚杆(索)位置时，预留孔洞进行锚杆(索)的安装与锚固，同时布置金属网。模型体的搭建如图 7-17 所示。

(a) 模型搭建　(b) 两帮锚杆(索)预埋　(c) 顶板锚杆(索)预埋

(d) 锚杆(索)布置　(e) 模型体

图 7-17　模型体的搭建

(3)实验监测系统的准备与调试工作包括应变片导线的连接、监测锚杆传感器导线的接出、数据采集与处理仪器的调试、数字图像相关技术所用物理模型表面散斑点制作、照明光源的布置、CCD 相机的布置与调整、实验所用摄像机的布置与调试等。

(4)进行模型体加载实验，依据加载设计，逐级进行物理模型的加载，同时进行应变片应变监测、锚杆(索)受力监测、数字图像的采集，捕捉物理模型在加载情况下的变形破坏信息。物理模型实验的主要步骤如图 7-18 所示。

(a) 应变片导线

(b) 锚杆传感器导线

(c) 设备调试

(d) 散斑点

(e) 实验数字图像采集

图 7-18　物理模型实验的主要步骤

7.4.2　物理模型实验加载方案

本次物理模型实验以大台矿井–510m 水平运输巷为工程背景，进行加载情况下巷道围岩变形破坏的监测预警研究，在设计物理模型加载路径时考虑了工程现场巷道地应力测量与计算结果、物理模型实验系统荷载集度及应力相似比。经地应力现场测量与计算可得巷道垂直应力与水平应力值，依据应力相似比可计算得到巷道水平与垂直方向应加载的荷载，对于不同的水平模型边界荷载计算如式(7-8)、式(7-9)所示：

$$\sigma_x = \sigma_h / C_\sigma \tag{7-8}$$

$$\sigma_y = \sigma_v / C_\sigma \tag{7-9}$$

式中，σ_x 为模型水平边界荷载；σ_y 为模型垂向边界荷载；σ_v 为不同深度的自重应力；σ_h 为水平应力；C_σ 为应力相似比。

实验中通过施加水平应力 σ_h 与垂直应力 σ_v 的方式实现巷道的加载过程，物理模型加载路径如图 7-19 所示，加载模型加载阶段可分为四个阶段，*A* 阶段水平应力与垂直应力同时增加，*B* 阶段水平应力保持不变增加垂直应力，*C* 阶段垂直应力不变增加水平应力，*D* 阶段水平应力与垂直应力同时增加。

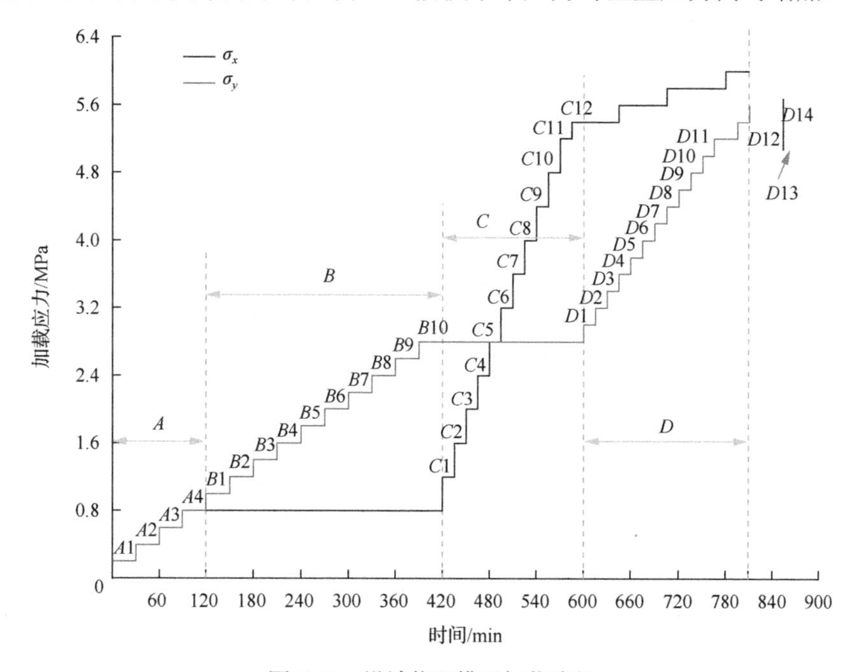

图 7-19 设计物理模型加载路径

首先进行 *A* 阶段加载，水平应力与垂直应力保持同等增幅 0.2MPa，经过 4 次加载均达到 0.8MPa，每次加载时间为 30min，在此阶段模型的物理有限单元板间缝隙闭合；其次进行 *B* 阶段加载，此阶段保持水平应力 0.8MPa 不变，垂直应力经 10 次加载达到 2.8MPa，每次加载时间为 30min，加载增幅为 0.2MPa，此阶段加载可模拟水平应力不变，不同加载深度下巷道的变形破坏特征与巷道稳定性监测数值的变化；再次进行 *C* 阶段加载，此阶段保持垂直应力不变，水平应力由 1.2MPa 增加到 5.4MPa，每次加载时间为 15min，加载增幅为 0.4MPa，此阶段可模拟在深度不变条件下侧压系数的变化对巷道变形破坏的影响及巷道稳定性监测数值的变化，*C* 阶段加载结束后水平应力与垂直应力数值所模拟巷道深度达到工程背景–510m 水平运输巷的应力水平；最后进行 *D* 阶段加载，此阶段加载垂直应力经由 3.0MPa 增加到 5.6MPa，水平应力由 5.4MPa 增加到 6MPa，详细加载过程见表 7-8。

表 7-8　物理模型应力水平

加载等级	模型施加应力/MPa		侧压系数 λ	实际应力/MPa	
	水平应力 σ_x	垂直应力 σ_y	$(\lambda=\sigma_x/\sigma_y)$	水平应力 σ_h	垂直应力 σ_v
$A1$	0.2	0.2	1.0	1.8	1.8
$A2$	0.4	0.4	1.0	3.6	3.6
$A3$	0.6	0.6	1.0	5.4	5.4
$A4$	0.8	0.8	1.0	7.2	7.2
$B1$	0.8	1.0	0.8	7.2	9.0
$B2$	0.8	1.2	0.67	7.2	10.8
$B3$	0.8	1.4	0.57	7.2	12.6
$B4$	0.8	1.6	0.5	7.2	14.4
$B5$	0.8	1.8	0.44	7.2	16.2
$B6$	0.8	2.0	0.40	7.2	18.0
$B7$	0.8	2.2	0.36	7.2	19.8
$B8$	0.8	2.4	0.33	7.2	21.6
$B9$	0.8	2.6	0.31	7.2	23.4
$B10$	0.8	2.8	0.29	7.2	25.2
$C1$	1.2	2.8	0.43	10.8	25.2
$C2$	1.6	2.8	0.57	14.4	25.2
$C3$	2.0	2.8	0.71	18.0	25.2
$C4$	2.4	2.8	0.86	21.6	25.2
$C5$	2.8	2.8	1.00	25.2	25.2
$C6$	3.2	2.8	1.14	28.8	25.2
$C7$	3.6	2.8	1.29	32.4	25.2
$C8$	4.0	2.8	1.43	36.0	25.2
$C9$	4.4	2.8	1.57	39.6	25.2
$C10$	4.8	2.8	1.71	43.2	25.2
$C11$	5.2	2.8	1.86	46.8	25.2
$C12$	5.4	2.8	1.93	48.6	25.2
$D1$	5.4	3.0	1.8	48.6	27.0
$D2$	5.4	3.2	1.69	48.6	28.8
$D3$	5.4	3.4	1.59	48.6	30.6
$D4$	5.6	3.6	1.56	50.4	32.4

续表

加载等级	模型施加应力/MPa		侧压系数 λ ($\lambda=\sigma_x/\sigma_y$)	实际应力/MPa	
	水平应力 σ_x	垂直应力 σ_y		水平应力 σ_h	垂直应力 σ_v
$D5$	5.6	3.8	1.47	50.4	34.2
$D6$	5.6	4.0	1.40	50.4	36.0
$D7$	5.6	4.2	1.33	50.4	37.8
$D8$	5.8	4.4	1.32	52.2	39.6
$D9$	5.8	4.6	1.26	52.2	41.4
$D10$	5.8	4.8	1.21	52.2	43.2
$D11$	5.8	5.0	1.16	52.2	45.0
$D12$	5.8	5.2	1.12	52.2	46.8
$D13$	6.0	5.2	1.15	54.0	46.8
$D14$	6.0	5.4	1.11	54.0	48.6

第8章 深部层状巷道围岩稳定性监测相似模拟实验结果

本章分析了45°倾角岩层物理模拟实验结果，内容包括在加载条件下模型整体的变形破坏过程、模型变形场演化特征、巷道关键点变形特征分析、锚杆受力监测结果分析，并进行了锚杆受力监测与巷道变形破坏过程的对比分析。

8.1 位移场演变分析

8.1.1 模型加载阶段水平位移场

通过在模拟实验加载过程中的数字图像采集与处理，可得到物理模型整体水平位移场的演化特征，如图8-1所示。

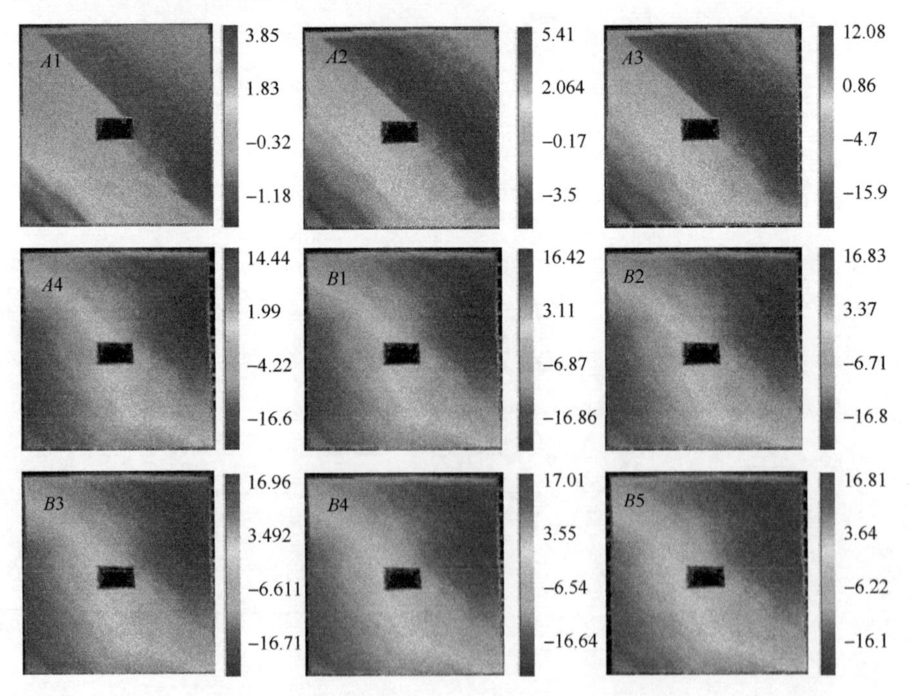

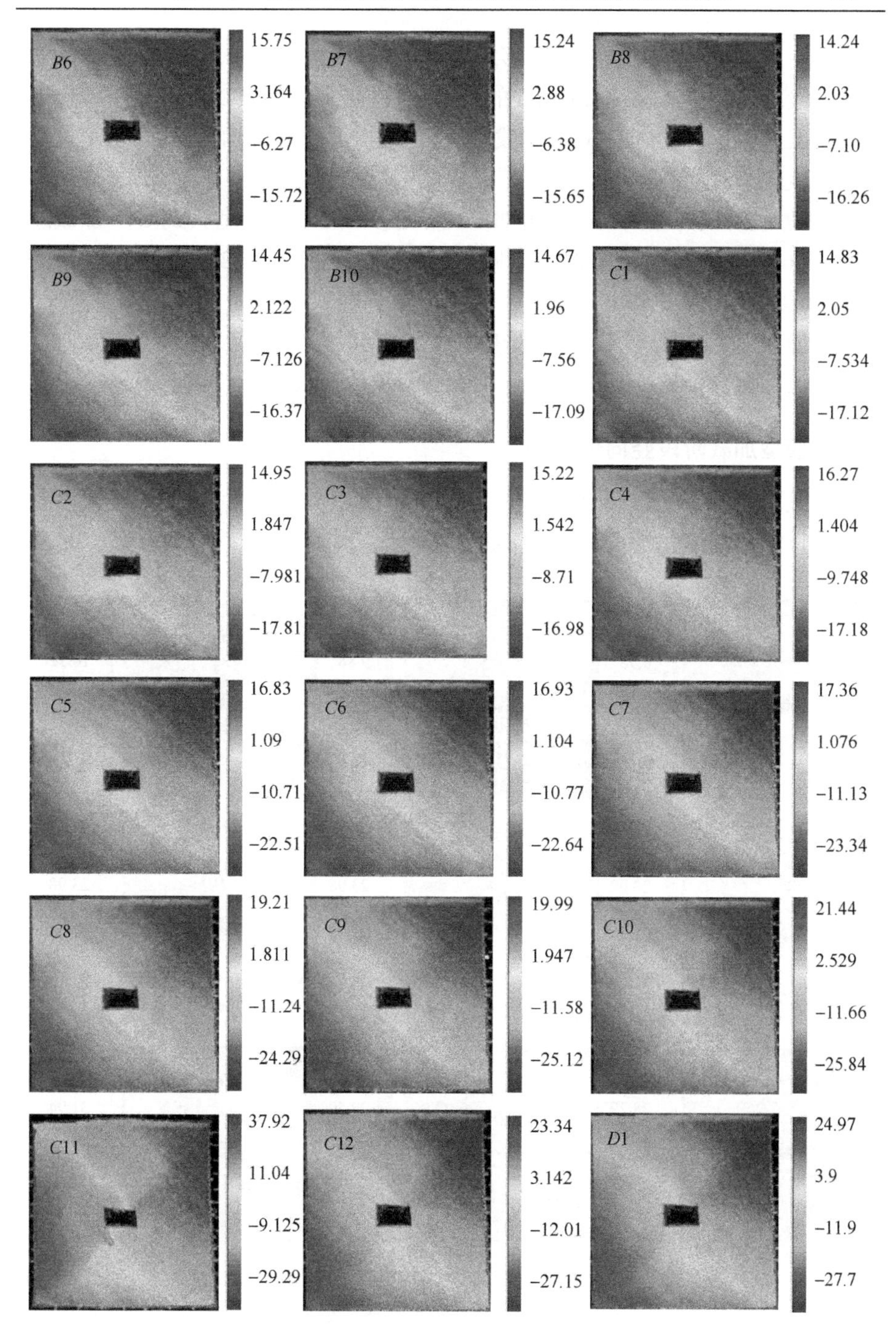

图 8-1　物理模型水平位移场演变(单位：mm)

很明显可以看到模型水平位移场受岩层倾角的变化很大。模型在 $A1$~$A2$ 加载阶段迅速产生 3.85~26.01mm 的水平位移，位移较大区域集中在模型左下角与右上角部位；在 $A3$~$B10$ 加载阶段主要进行竖向荷载的施加，水平位移变化幅度较小。

$C2$ 加载阶段开始后，右上角部位位移逐步由 27.4mm 增大到 $C12$ 加载阶段的 38.65mm；$C4$ 加载阶段开始后左下角部位位移由 16.27mm 逐渐增加到 $C12$ 加载阶段的 19.99mm。

模型在 $D1$ 加载阶段，即水平应力值 5.4MPa，竖向应力值 3.0MPa 时，模型巷道部位发生破坏，破坏部位位于巷道顶板靠近右帮部位。

8.1.2 模型加载阶段竖向位移场

通过在模拟实验加载过程中的数字图像采集与处理，可得到物理模型整体竖向位移场的演化特征，如图 8-2 所示。

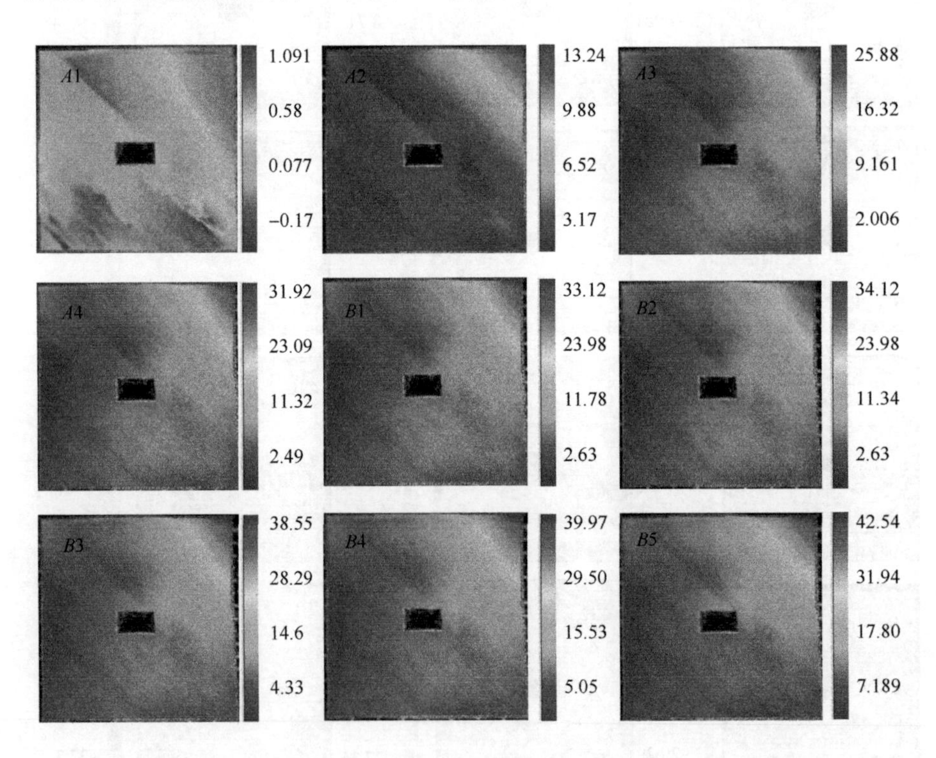

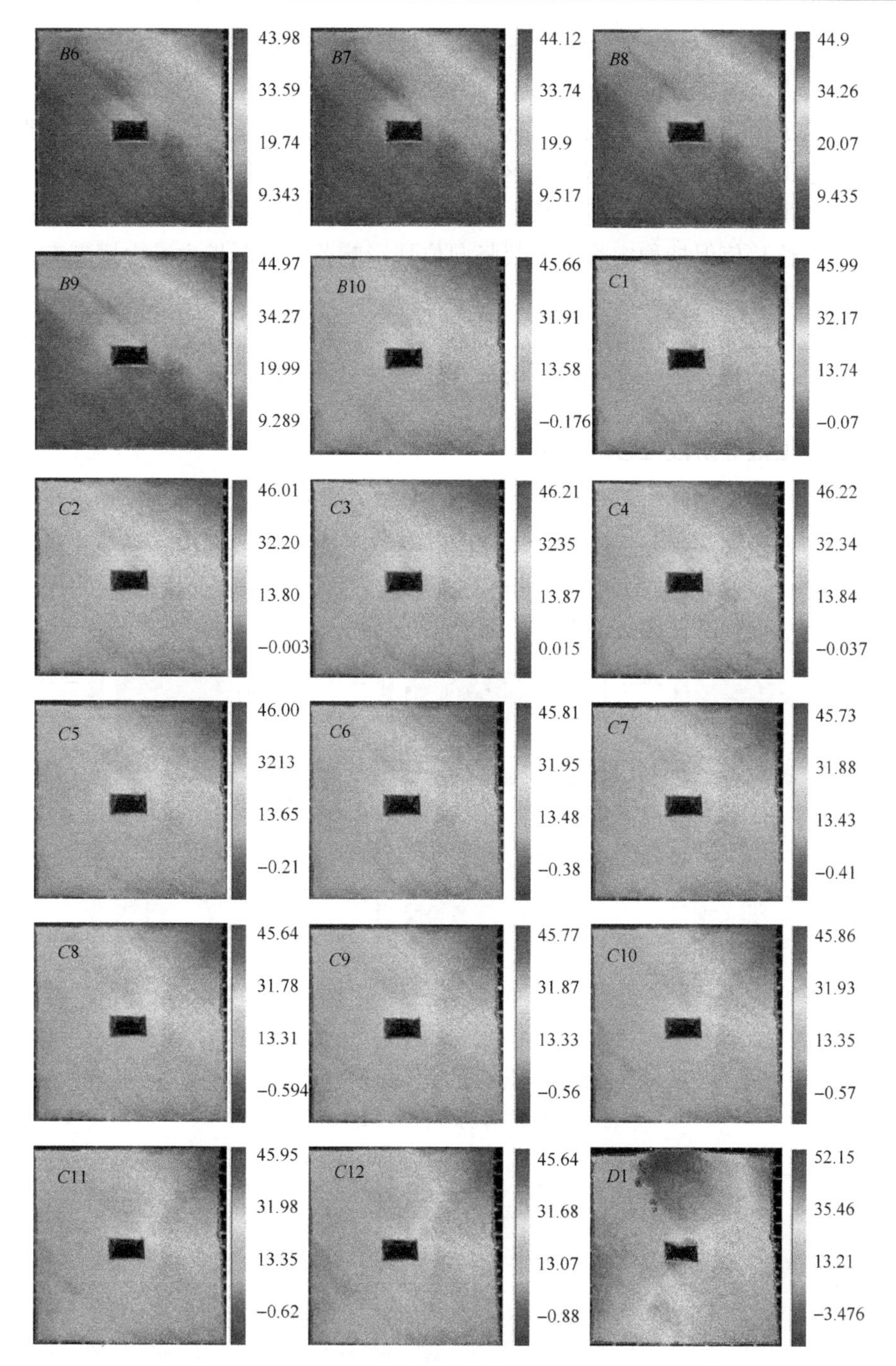

图 8-2　物理模型竖向位移场演变(单位：mm)

由图 8-2 可见在 A 加载阶段竖向向下位移值一直处于增长状态，在 $A4$ 加载阶段最大竖向向下位移值达到 31.92mm。

进入 B 加载阶段，随着垂直应力的增加，竖向位移值不断增大，当垂直应力值达到 1.8MPa 后，竖向位移值区域稳定，此时最大竖向位移值约为 42.54mm，后续阶段虽然垂直应力不断增长，但竖向位移变化不大，基本保持稳定。在竖向最大位移值保持稳定阶段，其竖向位移影响范围不断扩大，由模型右上角部位扩大至巷道顶板及右帮。

当水平持续加载结束进入 $D1$ 加载阶段后，模型开始发生破坏，巷道顶板靠近右帮部位发生较大竖向位移。

8.1.3 模型破坏阶段位移场演化

由模型全部加载阶段水平与竖向位移场演化分析可知，在 $D1$ 加载阶段模型巷道发生底鼓、顶板垮落破坏，因此对 $D1$ 加载阶段的位移场演化进行进一步分析，设 $D1$ 加载阶段开始时刻为 0 时刻，每隔 1min 提取一次水平位移云图与竖向位移云图，如图 8-3 所示。

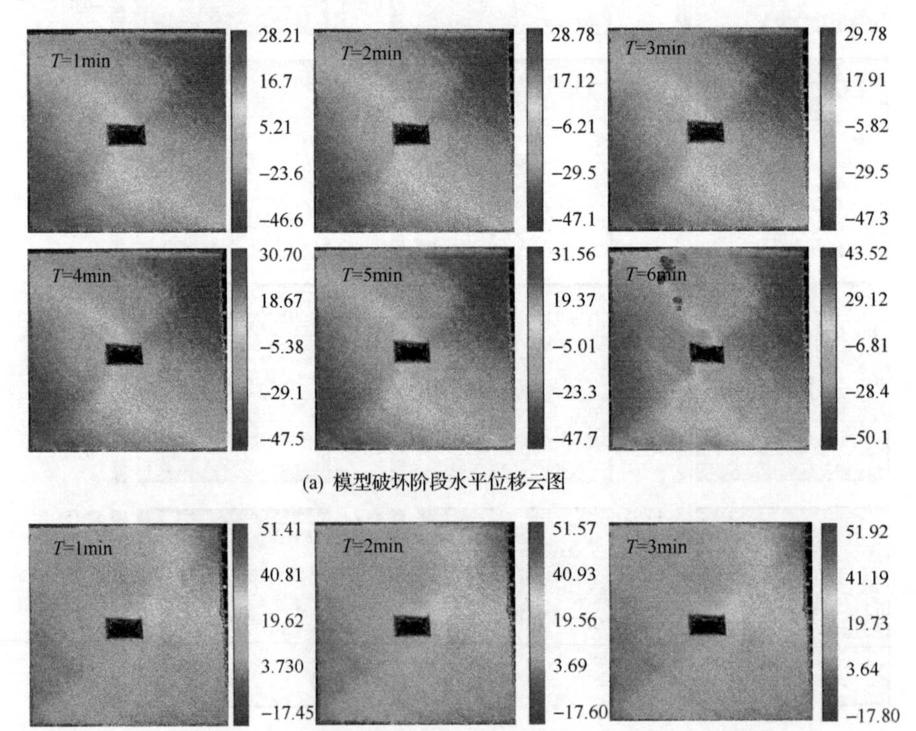

(a) 模型破坏阶段水平位移云图

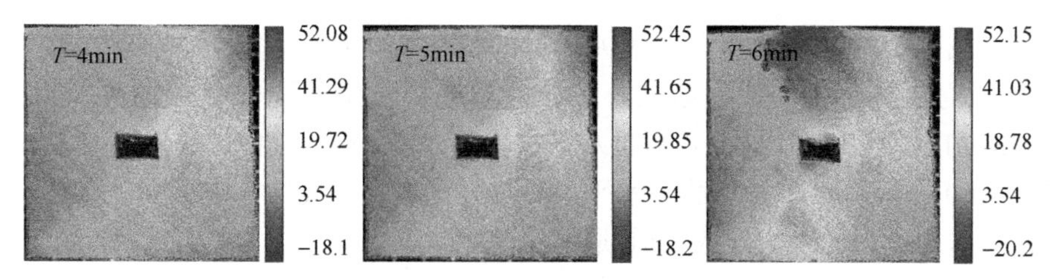

(b) 模型破坏阶段竖向位移云图

图 8-3　物理模型破坏阶段位移云图(单位：mm)

由[图 8-3(a)]的水平位移云图可看到，$D1$ 阶段加载持续时间为 6min，最大水平位移由 28.21mm 增大到 43.52mm，巷道围岩部位高帮处变形量最大，此时高帮处层状岩体发生滑移。

模型整体竖向位移变化较小，最大竖向位移值由 51.41mm 增加到 52.15mm，巷道围岩顶板右侧与底板左侧发生大变形而导致巷道失稳破坏。

45°倾角岩层的变形破坏模式具有明显的非均匀性，由此可见深部层状岩体的变形破坏深受岩层倾角的影响。

8.2　关键点位移与应变特征分析

8.2.1　表面位移

进行数字图像位移相关分析时，选取巷道顶板、两帮、底板共 4 个关键点，进行 x 与 y 方向位移数据的分析与提取，关键点布置如图 8-4 所示。

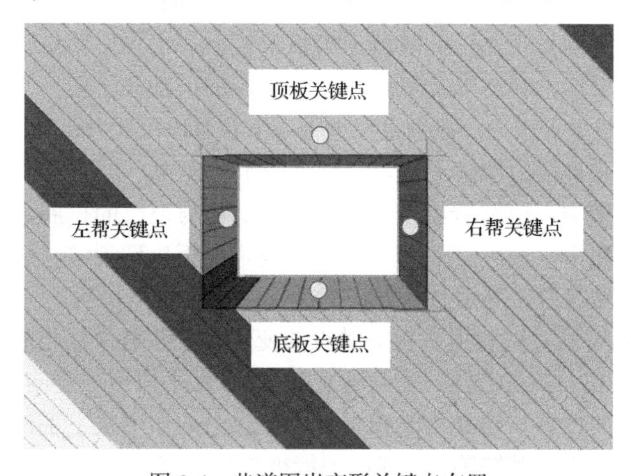

图 8-4　巷道围岩变形关键点布置

从图 8-5 可以得到巷道顶板关键点的位移变化规律，在 *A*1~*A*4 加载阶段水平位移与竖向位移逐渐减小，即巷道底板发生向下位移，13∶12∶00~17∶43∶00 阶段(*B*1~*B*10 加载阶段)水平位移曲线较平稳，竖向位移持续增加，17∶43∶00 之后的 *C* 阶段加载，水平位移与竖向位移曲线均有小幅回升迹象，这是由水平应力的增大导致巷道顶板处产生了扭转。

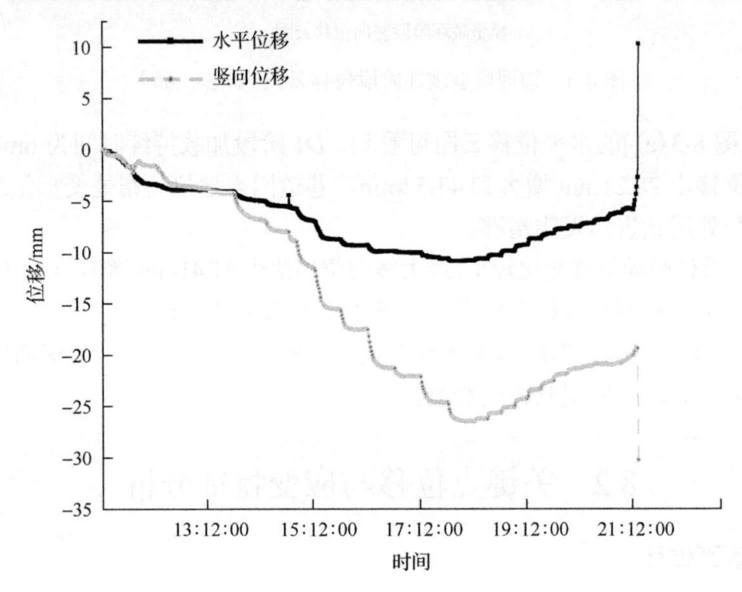

图 8-5　巷道顶板关键点位移-时间曲线

可见在 *A*1~*A*4 加载阶段水平应力与垂直应力同时增加，巷道顶板受到了水平与垂直应力的作用，但此阶段应力值均较小，水平位移与竖向位移逐渐增加，但增幅较小，巷道未发生破坏。在 *B*1~*B*10 加载阶段，水平应力保持不变，持续加载垂直应力，在垂直应力作用下巷道顶板受力逐渐增大。进入 *C* 加载阶段后，垂直应力保持不变，持续加载水平应力，由于模型为 45°岩层，受岩层倾角的影响，模型岩层沿层面发生了滑移与裂纹的扩展，造成顶板发生向上的扭转作用。进入 *D*1 加载阶段，巷道顶板出现裂纹，裂纹扩展到一定程度形成贯通裂缝，巷道顶板发生大变形，部分岩层垮落。

从图 8-6 可以看到巷道底板关键点的变化，较巷道顶板与两帮，其位移变化较小。在 13∶12∶00 之前(*A*1~*A*4 加载阶段)水平位移与竖向位移均降低，即发生了向下的位移，这是由于模型受垂直应力的作用发生了挤密作用，模型体在搭建时由于工艺缺陷，形成的裂缝被挤压变窄。进入 *B* 加载阶段，*B*1~

*B*4 加载阶段水平位移与竖向位移变化量不大，位移曲线基本保持平稳状态，进入 *B*5 加载阶段后竖向位移曲线持续下降。在水平应力作用下巷道底板发生了向下的位移。进入 *C* 加载阶段，底板受侧向岩层层面的摩擦作用，持续向下发生移动。进入 *D*1 加载阶段，巷道底板产生向上的位移，巷道底板发生向上的移动，巷道发生破坏，此时底板处集聚的能量得到释放。

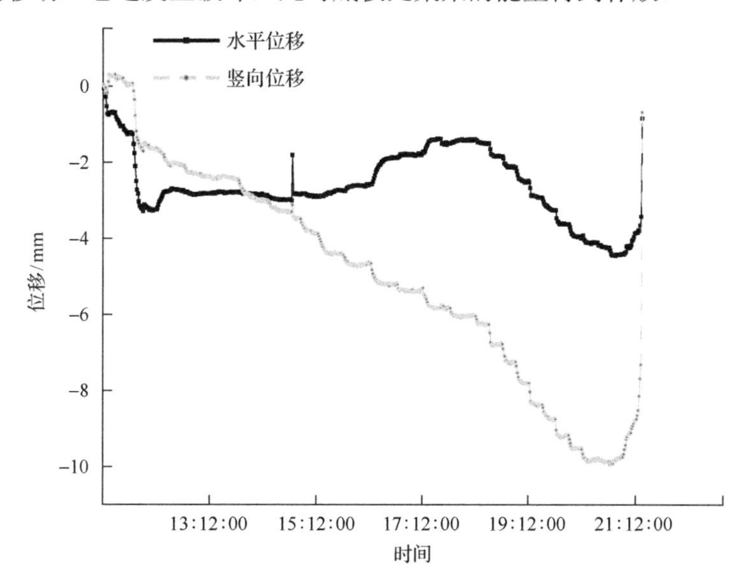

图 8-6　巷道底板关键点位移-时间曲线

由图 8-7 可以看到巷道右帮关键点位移-时间曲线的变化，在 13:12:00 加载阶段之前(*A*1~*A*4 加载阶段)，随着水平与垂直应力的加载，水平位移曲线与竖向位移曲线持续下降。13:12:00~18:12:00(*B*1~*B*10 加载阶段)，随着垂直应力的增大，竖向位移曲线持续下降，水平位移曲线保持平稳，20:12:00 后即进入 *C* 加载阶段后，水平位移与竖向位移曲线呈下降趋势。随着水平应力的增加右帮向巷道内移动，*D*1 加载阶段随着巷道顶板部分垮落，右帮位移值也发生突变。

由图 8-8 可以得到巷道左帮关键点位移-时间曲线的变化，在 13:12:00 之前(*A*1~*A*4 加载阶段)，水平与垂直应力加载同时进行，水平位移曲线与竖向位移曲线变化均较小，在 13:12:00~18:12:00(*B*1~*B*10 加载阶段)，水平应力不变，垂直应力逐渐上升，水平位移曲线保持稳定，竖向位移曲线持续向下移动，18:13:00 开始进入 *C* 加载阶段后，水平位移曲线与竖向位移曲线逐渐上升，进入 *D*1 加载阶段后巷道左帮向巷道内移动，巷道发生变形破坏。

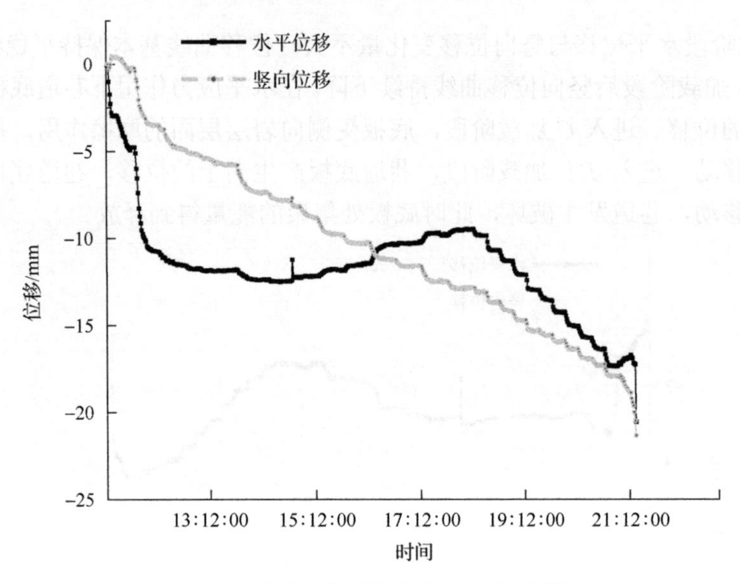

图 8-7　巷道右帮关键点位移-时间曲线

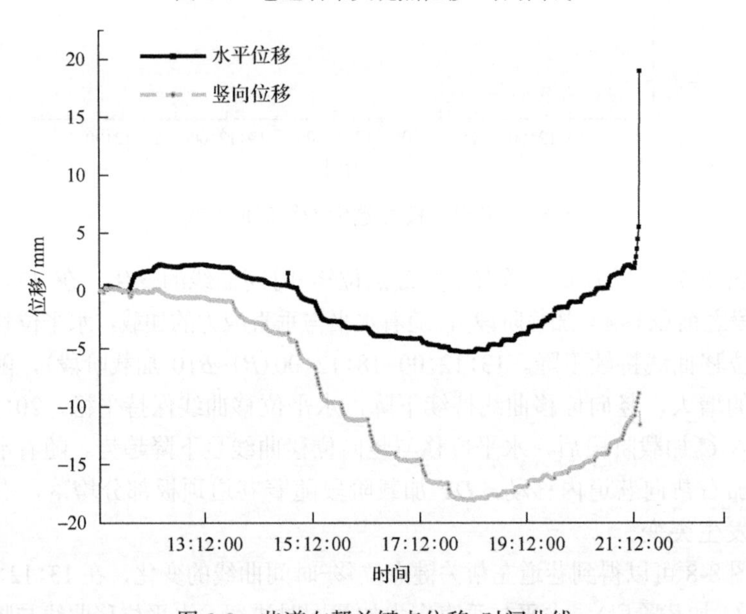

图 8-8　巷道左帮关键点位移-时间曲线

8.2.2　内部应变

在模型内部布置了应变片进行巷道围岩在加载条件下的应变变化情况的监

测，选取巷道周边 4 个关键点，如图 8-9 所示。4 个关键点分别位于巷道顶板、两帮、底板处，实验过程中对每个关键点进行了 x 与 y 方向的应变数据采集。

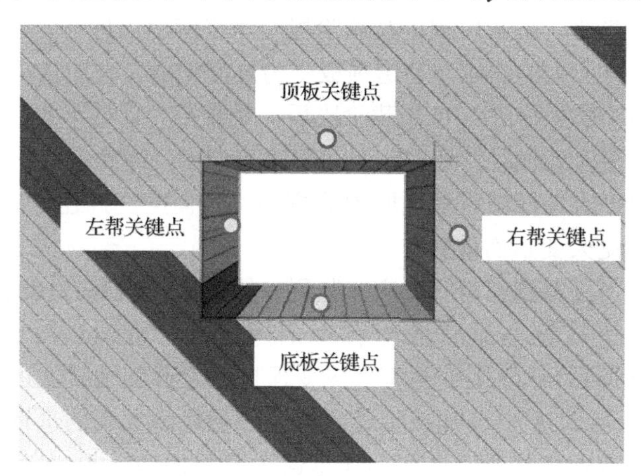

图 8-9　巷道围岩应变片布置

从图 8-10 可以得到巷道顶板应变关键点的应变变化规律，在 13∶12∶00 之前（$A1$~$A4$ 加载阶段）水平应变与垂直应变一直有小范围的波动，13∶12∶00~18∶12∶00 应变曲线较平稳（$B1$~$B10$ 加载阶段），19∶30∶00 之后应变

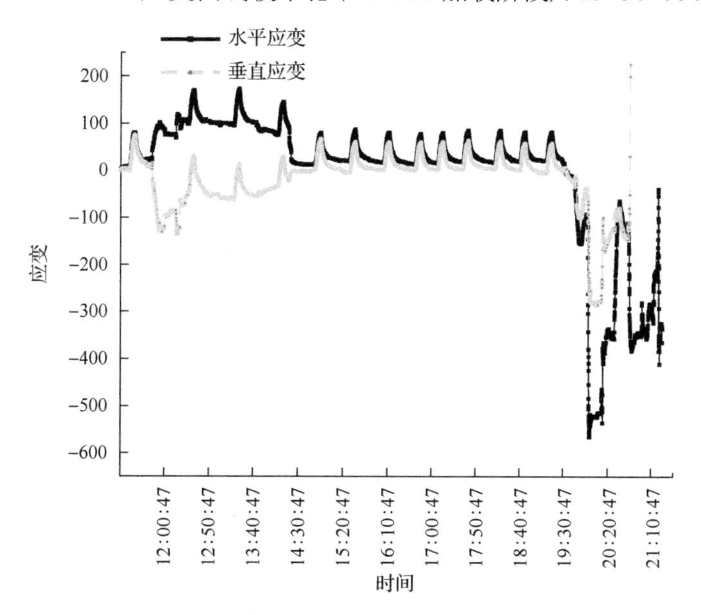

图 8-10　巷道顶板关键点应变-时间曲线

曲线随加载的进行剧烈变化。可见在 $A1$~$A4$ 加载阶段水平应力与垂直应力同时增加，巷道顶板受到了水平与垂直应力的作用，但此阶段应力值均较小，应变有小幅度波动。在 $B1$~$B10$ 加载阶段，水平应力保持不变，持续加载垂直应力，在垂直应力的作用下巷道顶板受力逐渐增大，此阶段应变有增大的趋势，但总体较平稳。进入 C 加载阶段后，垂直应力保持不变，持续加载水平应力，模型顶板处岩层受到岩层层面的摩擦作用，因此在 C 加载阶段应变曲线随逐级加载的进行相应呈现剧烈的变动，竖向应变片在 $C1$ 加载阶段结束时刻不能承受大变形而破坏。

从图 8-11 可以看到巷道底板应变监测点的变化，在 13∶12∶00 之前（$A1$~$A4$ 加载阶段）水平应变与垂直应变有小范围波动，在 13∶12∶00~18∶12∶00（$B1$~$B10$ 加载阶段）水平应变与垂直应变保持稳定并随加载的进行而上下波动，18∶12∶00 后即进入 C 加载阶段后，应变曲线随加载的进行呈现明显的波动，水平应变曲线与垂直应变曲线迅速上升。19∶45∶00 时刻水平应变急剧上升，应变片变形过大而失效；竖向应变片在 21∶20∶00 时刻变形过大而失效。

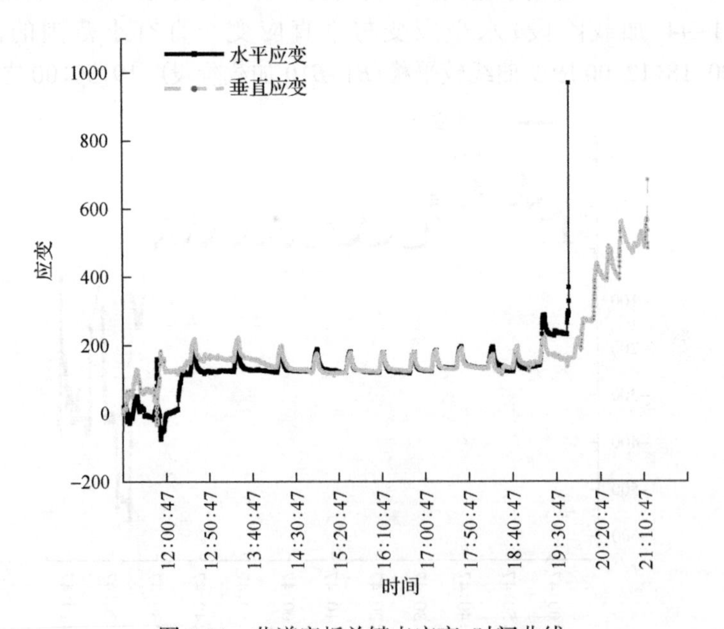

图 8-11 巷道底板关键点应变-时间曲线

由图 8-12 可以看到巷道右帮应变关键点监测曲线的变化，在巷道变形破坏前比较巷道顶板与底板应变曲线，右帮应变变化较小，水平应变曲线与垂直应变曲线呈现一定的一致性。在 13∶12∶00 之前(*A*1~*A*4 加载阶段)，随着水平与垂直加载的进行，垂直应变曲线上升，水平应变曲线下降，在 13∶12∶00~18∶12∶00(*B*1~*B*10 加载阶段)，水平应变曲线与垂直应变曲线随加载的进行呈有规律的上下波动，18∶12∶00 后 *C* 加载阶段开始，水平应变曲线与垂直应变曲线上下波动幅度增大，进入 *D*1 加载阶段后垂直应变曲线与水平应变曲线发生突降，巷道右帮发生变形破坏。

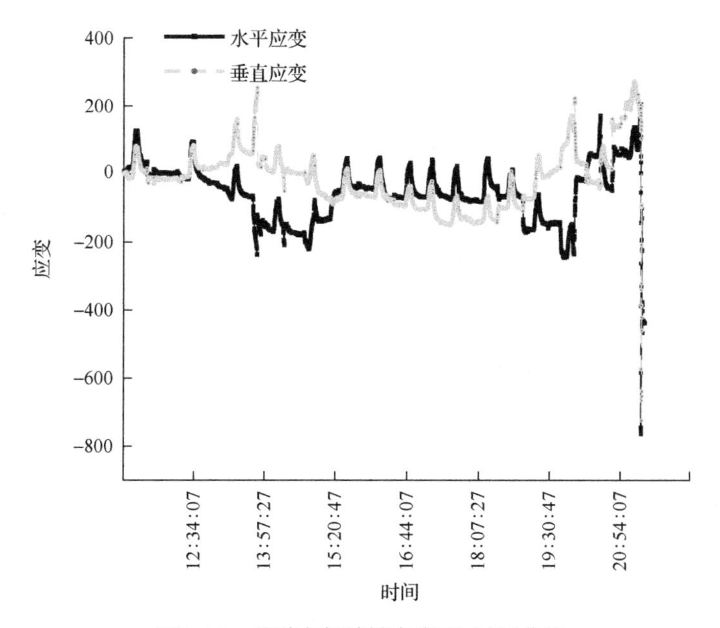

图 8-12　巷道右帮关键点应变-时间曲线

由图 8-13 可以得到巷道左帮关键点监测曲线的变化，在 13∶12∶00 之前(*A*1~*A*4 加载阶段)，随着水平与垂直加载的进行，水平应变曲线下降，垂直应变曲线上升，在 13∶12∶00~17∶43∶00(*B*1~*B*9 加载阶段)水平应力不变，垂直应力逐渐上升，岩层间摩擦力增大，巷道左帮所受垂直层面压力与沿层面摩擦力增大，岩层沿层面向巷道内推出，岩层向巷道内推出后能量得到释放，压力与摩擦力均减小，17∶12∶00 后随着加载的进行，水平应变曲线与垂直应变曲线变化较小。

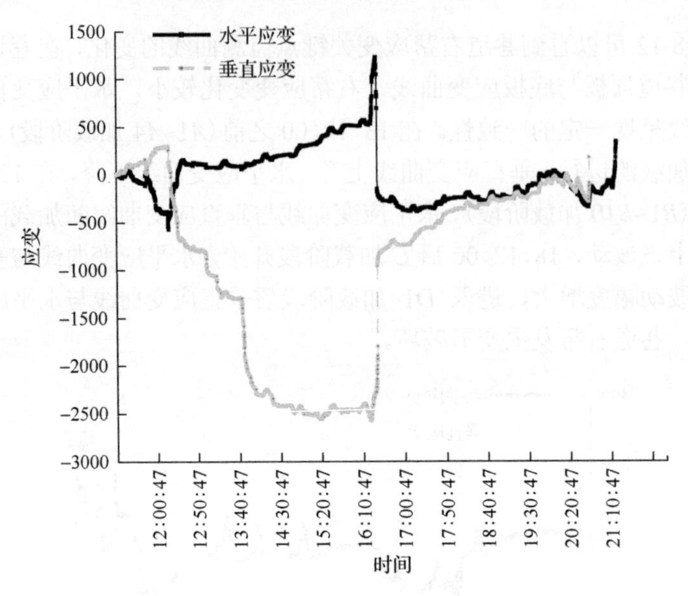

图 8-13　巷道左帮关键点应变-时间曲线

8.3　锚杆受力监测曲线特征分析

8.3.1　锚杆受力监测曲线

在实验过程中得到顶板监测锚杆与两帮监测锚杆的锚杆轴力随时间变化曲线，如图 8-14 和图 8-15 所示。顶板监测锚杆与两帮监测锚杆布置如图 7-11 所示，顶板 R1 与 R3 锚杆为恒阻大变形监测锚杆，R2 与 R4 锚杆为普通监测锚杆，由实验曲线可得到在 *A*1~*A*4 加载阶段顶板监测锚杆轴力监测曲线持续上升，在 *B*1~*B*10 加载阶段监测曲线放缓，*C* 加载阶段开始后顶板 R1 与 R4 监测锚杆监测曲线保持平稳，R2 与 R3 监测锚杆监测曲线迅速上升。R2 监测锚杆在其轴力达到极值后急速下降，说明在巷道变形破坏过程中由于其所受力超过其承载能力，杆体发生拉断而失效。R3 恒阻大变形监测锚杆保持 240N 受力直至模型完全破坏停止监测。由以上分析可以得出两条结论：第一，恒阻大变形监测锚杆能够承受围岩的大变形而不会拉断，可以实现巷道破坏全过程的监测；第二，受岩层倾角的影响，45°岩层倾角模型巷道在同样的加载路径下变形破坏特征已经发生变化，相应的相同部位的监测锚杆监测效果也随之改变。

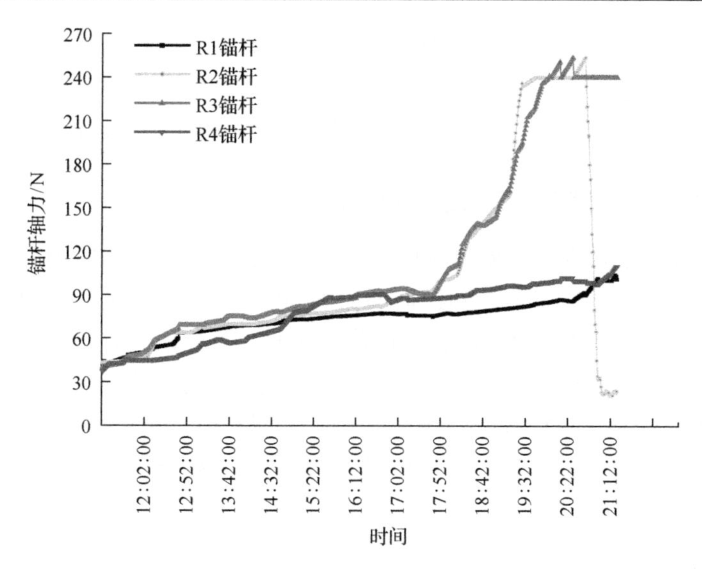

图 8-14　巷道顶板锚杆轴力-时间监测曲线

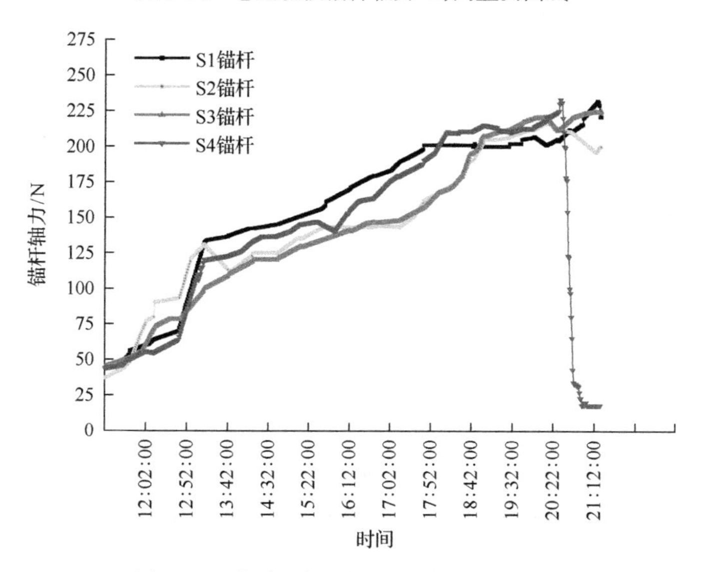

图 8-15　巷道两帮锚杆轴力-时间监测曲线

巷道两帮监测锚杆如图 8-15 所示，S1 与 S3 锚杆为恒阻大变形监测锚杆，S2 与 S4 锚杆为普通监测锚杆，可以看到随着加载的进行两帮监测锚杆监测曲线保持持续上升，S4 监测锚杆在巷道大变形下发生拉断而失效。45°岩层倾角模型巷道两帮锚杆所受力值上升趋势不明显。

通过监测锚杆受力分析可得恒阻大变形监测锚杆可实现巷道变形破坏全过程的监测。在此次实验中，巷道变形破坏主要发生在顶板靠近低帮部位及底板靠近高帮部位，因此恒阻大变形监测锚杆 R3 监测效果最佳。

8.3.2　锚杆受力与变形监测曲线对比分析

图 8-16 为顶板 R1 与 R3 恒阻大变形监测锚杆轴力-时间监测曲线与同时间段的顶板水平位移与竖向位移-时间监测曲线，可以看到在 *A*1~*A*4 加载阶段，随着水平与垂直应力的增加锚杆轴力逐渐上升，顶板竖向位移也逐渐增大。在 *B* 加载阶段顶板向下发生位移，锚杆受力保持上升状态。进入 *C*1 加载阶段，随着水平加载的进行，R3 锚杆轴力开始加速上升，而顶板位移变化依然保持原有变化率。进入 D1 加载阶段，巷道开始发生破坏，此时水平位移与竖向位移瞬间发生变化。由分析可得 R3 锚杆轴力的加速上升可作为模型巷道破坏的前兆信息。

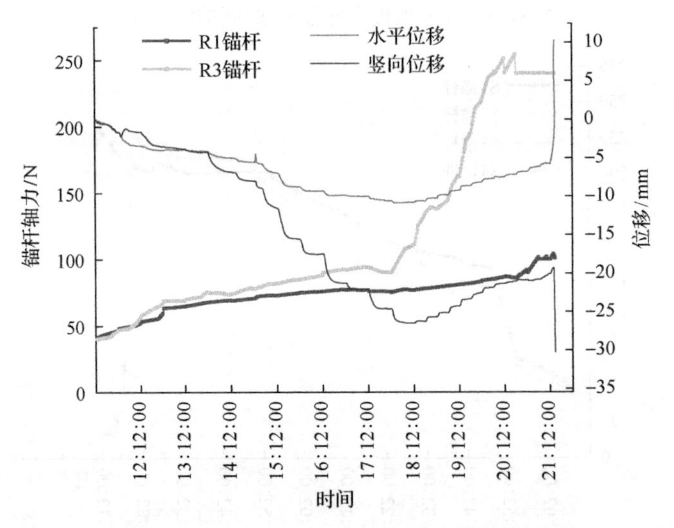

图 8-16　巷道顶板锚杆轴力-时间监测曲线与位移-时间监测曲线对比图

图 8-17 和图 8-18 为两帮恒阻大变形监测锚杆 S1 与 S3 轴力-时间监测曲线及相应部位的位移-时间监测曲线，S1 监测锚杆位于巷道下帮，随加载的进行轴力不断上升，在巷道破坏前轴力-时间监测曲线斜率上升，可作为巷道变形破坏的前兆信息。S3 监测锚杆监测曲线随模型加载的进行也不断上升，但在巷道变形破坏前轴力-时间曲线变化不明显，监测效果较差。

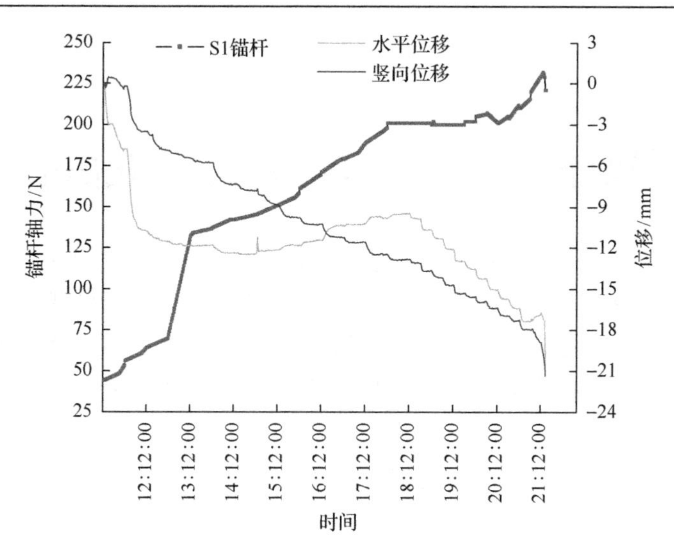

图 8-17　巷道右帮锚杆轴力-时间监测曲线与位移-时间监测曲线对比图

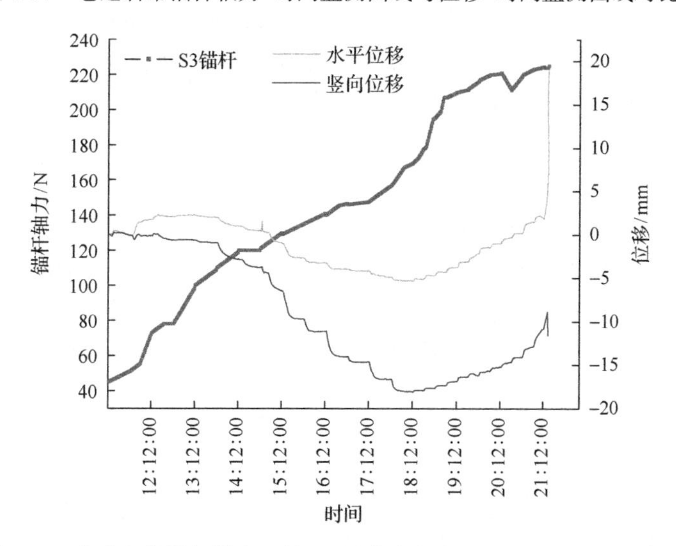

图 8-18　巷道左帮锚杆轴力-时间监测曲线与位移-时间监测曲线对比图

经分析可得顶板 R3 与右帮 S1 恒阻大变形监测锚杆监测预警效果最佳，其锚杆轴力监测曲线大致经历缓慢上升阶段、加速上升阶段、平稳阶段，其中加速上升阶段为巷道变形破坏的预警阶段。

第9章　锚杆(索)受力监测随岩层变化离散元模拟

本章介绍了离散元数值模拟方法及其特点，并进行恒阻大变形锚杆(索)的数值模拟研究，建立了与物理模型实验同条件的数值模拟模型并进行计算，基于物理模拟结果进行参数优化，在此基础上进行了多种岩层角度的巷道加载破坏力学监测数值模拟研究，对模拟结果进行了分析总结。

9.1　深部层状岩体数值模型构建

深部巷道层状围岩在不同区域岩层倾角是变化的，分析不同岩层倾角下锚杆轴力监测结果是提出合理监测方案、完善监测预警准则的基础。本章利用 3DEC 离散元程序，建立不同岩层倾角的深部巷道模型，分析不同岩层巷道围岩变形特征，掌握锚杆轴力监测随岩层倾角变化的规律。

9.1.1　模型条件

深部巷道围岩包括多种具有一定倾角的岩层，本书采用离散元法建立数值模拟模型，离散元法模型中块体可沿不连续面发生位移与转动，水平岩层模型块体划分如图 9-1(a)所示，模型中完整块体尺寸与有物理模型有限单元板尺寸相同，每层层间错缝布置。数值模型几何尺寸与物理模型相同，模型底部

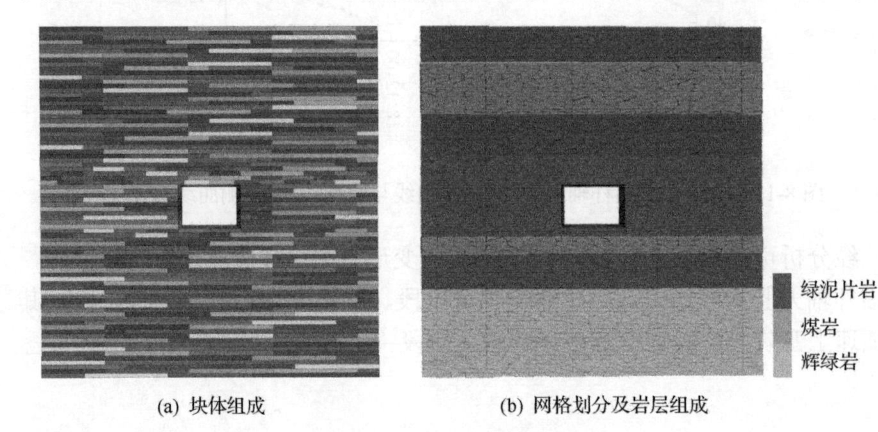

(a) 块体组成　　(b) 网格划分及岩层组成

图 9-1　水平岩层数值模型

采用固定约束，模型前后边界设置为固定边界，模型两侧及顶部采用应力边界条件，应力边界条件加载路径与物理模型相同。数值模型岩层划分及模型岩层物理力学参数与物理模型相同。数值模型网格长度为 0.08m，采用程序自动划分网格，网格划分及岩层组成如图 9-1(b)所示。共建立了 7 个不同岩层倾角的巷道模型，岩层倾角分别为 0°、15°、30°、45°、60°、75°与 90°。

9.1.2　恒阻大变形锚杆(索)模拟

本书以物理模型实验为基础，进行与物理模型相同的模型几何尺寸、岩土体力学参数、加载路径等条件下的离散元数值模拟研究，数值模拟通过改变岩层倾角来研究不同岩层倾角模型在模型加载变形破坏过程中监测锚杆(索)的力学变化，探究不同岩层倾角巷道围岩变形破坏下恒阻大变形锚杆(索)受力监测的特点。进行不同岩层倾角的巷道加载变形破坏力学监测数值模拟，首先要解决恒阻大变形锚杆(索)的数值模拟问题，本书采用 3DEC 软件内置锚杆(索)来进行锚杆(索)的模拟。

在 3DEC 软件中，有锚杆(索)、梁、衬砌等几种结构单元，其中锚杆(索)加固单元有两种，称为局部加固(local reinforcement，LR)与整体加固(global reinforcement，GR)，前者可以承受较大的节理剪切作用力，后者提供的抗剪强度较小。LR 只有在穿过节理时才起到加固的作用，不能提供预应力的作用，一般用来模拟全场锚杆(索)。GR 在穿过非连续面时起作用，当岩体发生塑性变形时也会起到保持其完整性的加固作用，其主要提供轴向力的作用。本书采用 GR 来进行锚杆(索)的模拟，其物理力学特性如下。

GR 可全长提供抗剪强度，锚杆(索)沿长度分成了几段，节点在节段的末端，各节段的质量集中在节点处，节点所在的结构节点与块体单元间的弹簧和滑块提供剪切阻力，在使用 GR 前要将块体定义为变形体，每个结构节点与一个有限差分单元连接，用来计算锚杆(索)与单元间的剪切力，其概念如图 9-2 所示。

1. 轴向特征

轴向力学行为完全由加固单元决定，加固单元可为钢筋或缆索。因为加固单元是细长的，所以其抗弯性能较低，可将其视为一维抗拉或抗压构件。因此一维本构模型可以描述加固单元的轴向行为，轴向刚度与轴向截面积与杨氏模型(E)相关。

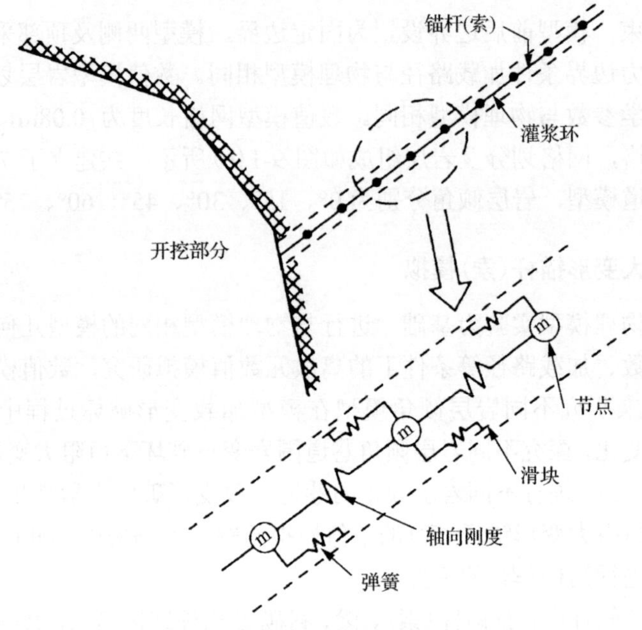

图 9-2　抗剪性能作用原理

轴向力增量 ΔF^t 可经轴向位移计算：

$$\Delta F^t = -\frac{EA}{L}\Delta u^t \tag{9-1}$$

$$\Delta u^t = \Delta u_i t_i = \Delta u_1 t_1 + \Delta u_2 t_2 + \Delta u_3 t_3 = (u_1^{[b]} - u_1^{[a]})t_1 + (u_2^{[b]} - u_2^{[a]}) + (u_3^{[b]} - u_3^{[a]})t_3 \tag{9-2}$$

式中，$u_i^{[a]}$、$u_i^{[b]}$ 为与锚杆单元相连的结构节点的位移，下标 1、2、3 分别对应 x、y、z 三个方向，上标 $[a]$、$[b]$ 对应节点；L 为分配的单元长度；t_1、t_2、t_3 为方向余弦，是指锚杆单元的切向；Δu_i 为结构节点的相对位移；A 为锚杆截面面积。

拉伸屈服强度值可以赋值到锚杆单元，结构受力超过拉伸极限时就不再增加，如图 9-2 所示，如果未定义拉伸屈服强度，结构会提供无限大的力来抵抗拉力。

在评价加筋体轴向力增强时，沿着加筋体轴向的节点处进行了位移的计算，对每个节点来自加筋体轴力及灌浆环剪切力作用的不平衡力进行了计算，如图 9-3 所示，轴向位移计算的依据为相互作用的运动法则及每个节点的质量集中程度。

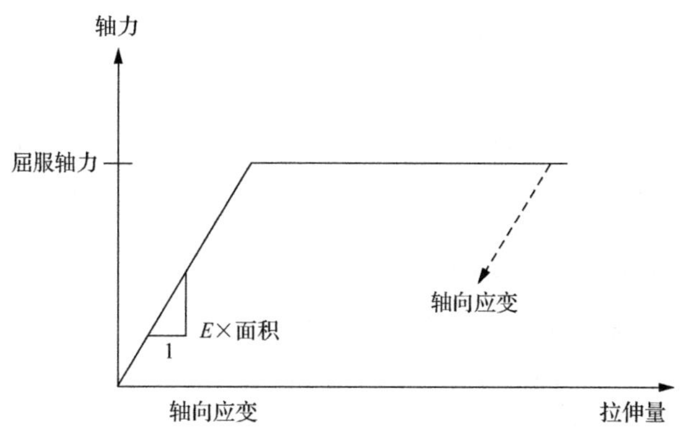

图 9-3　加筋体轴力-位移特征曲线

2. 灌浆环剪切特征

灌浆环的剪切特征可由如图 9-4 所示的弹簧滑块系统得到。当加筋体与水泥浆界面及水泥浆与岩体界面发生相对位移时，灌浆环开始产生剪切作用。

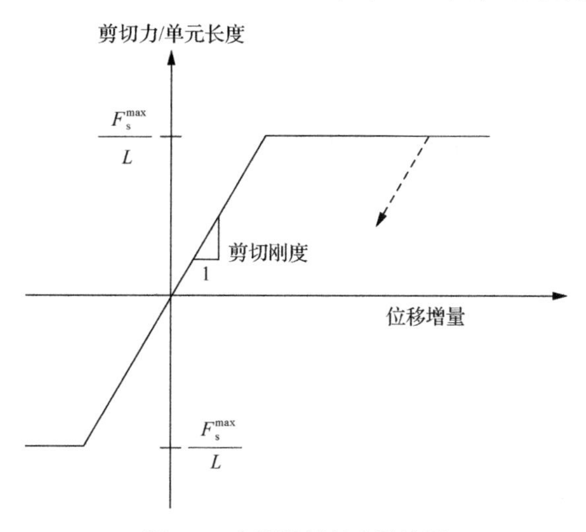

图 9-4　水泥浆材料力学特征

水泥浆单位长度能承受的剪切力 F_s^{max} / L 由水泥浆黏结强度决定，极限剪切力关系如图 9-4 所示。

$$\frac{F_s^{max}}{L} = K_{bond}(u_c - u_m) \tag{9-3}$$

式中，F_s 为水泥浆中剪切力的变化；K_{bond} 为水泥浆剪切刚度；u_c 为锚杆(索)位移；u_m 为介质(岩土体)位移；L 为分配的单元长度。

计算水泥浆与岩体间的相对位移时，可采用插值法计算锚杆轴向节点处岩土(体)的位移，假设每个锚杆节点单独存在于一个 3DEC 四面体单元中，插值方法使用的权重系数由其与所属单元节点的距离决定，在满足力矩平衡方程的基础上进行权重因子的计算。

在计算水泥浆与岩土体间的轴向相对位移时使用了如下所述的插值方法，考虑到加筋体通过恒应变有限差分四面体已成为完整岩体的一部分，如图 9-5(a)所示，节点处 x 分量位移增量 Δu_{xp} 为

$$\Delta u_{xp} = W_1 \Delta u_{x1} + W_2 \Delta u_{x2} + W_3 \Delta u_{x3} + W_4 \Delta u_{x4} \tag{9-4}$$

式中，Δu_{x1}、Δu_{x2}、Δu_{x3} 与 Δu_{x4} 分别为节点位移增量；W_1、W_2、W_3 与 W_4 分别为相应的权重系数。

同样地，其他位移增量也可按上述方法求出。权重系数通过节点在四面体中的位置求出：

$$W_1 = V_1 / V_T \tag{9-5}$$

式中，V_T 为有限差分四面体体积；V_1 为四面体体积。

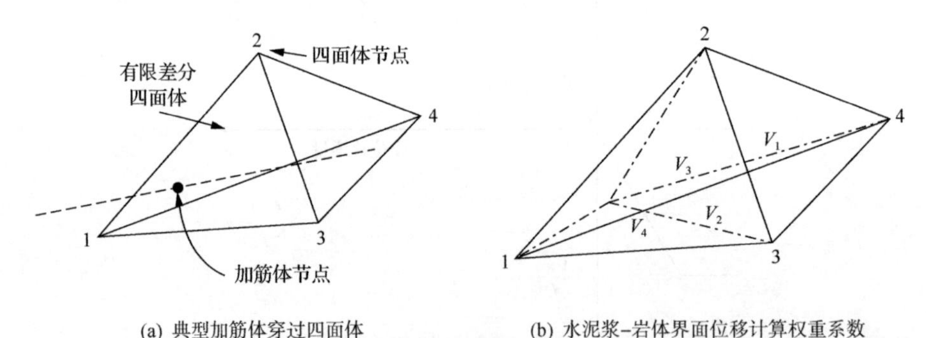

(a) 典型加筋体穿过四面体　　(b) 水泥浆–岩体界面位移计算权重系数

图 9-5　有限差分四面体几何结构及其在有限元公式的应用

V_1、V_2、V_3、V_4-四面体各面

加筋体节点的速度由锚杆节点得来，垂直于平均轴向锚杆的速度直接传给节点，锚杆节点“从属”于差分运动的法向方向，如果锚杆节点是共线的，那不会向网格施加任何作用；如果锚杆段之间呈一定角度，成比例的轴向力会作用于法向方向且会同时作用在差分节点与锚杆节点，因此在有限的变形

下锚杆可以维持正常的负载。

本书利用 3DEC 软件内置锚杆进行恒阻监测锚杆与一般监测锚杆的模拟，设置锚杆的屈服强度为恒阻大变形锚杆的恒阻力，当锚杆所受力达到锚杆屈服强度后恒阻大变形锚杆保持其屈服强度并可继续承受力的作用；一般锚杆当其轴力达到其屈服强度时将锚杆屈服强度设置为 0，用来模拟一般锚杆的拉断。通过上述设置实现恒阻大变形锚杆的恒阻大变形特征及其与一般锚杆的不同。数值模型锚杆布置图如图 9-6 所示。

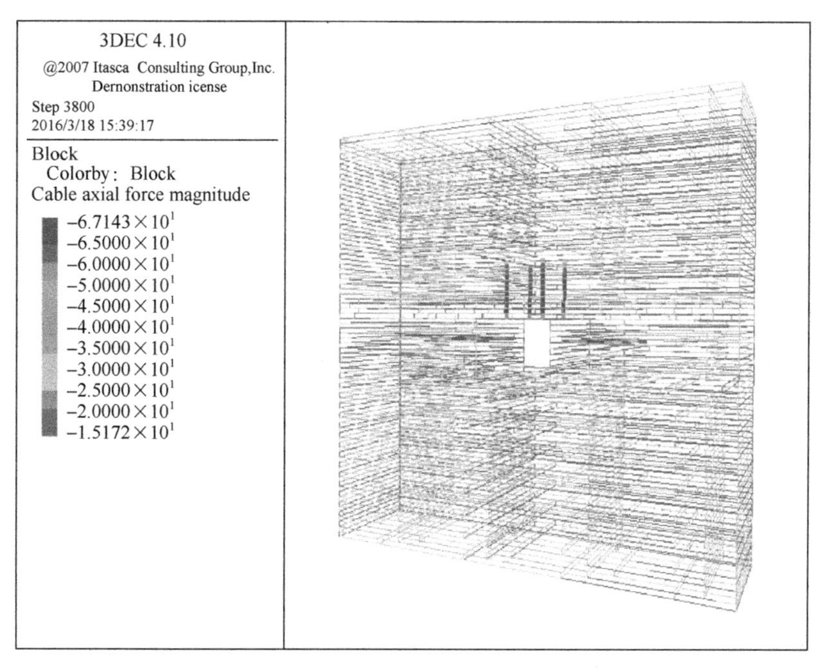

图 9-6　数值模型锚杆布置图

9.2　不同岩层倾角数值模拟

本节利用 3DEC 离散元软件建立了 7 种不同岩层倾角的数值模型，并在模型内布置与物理模型相同的锚杆，锚杆恒阻值设定为 220N，进行数值模型的加载破坏实验，同时对锚杆轴力、巷道顶板与两帮的位移及离层进行监测，分析模型的变形破坏规律，进行轴力监测数据的分析，探讨轴力监测随岩层倾角变化的特征，其中恒阻大变形监测锚杆的布置如图 9-7 所示。

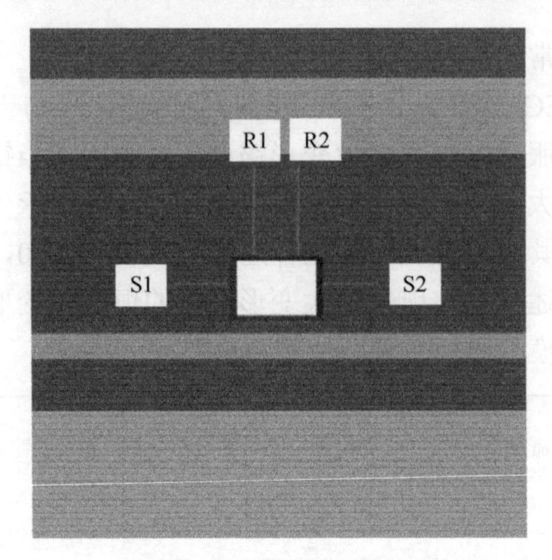

图 9-7　数值模型恒阻大变形监测锚杆布置图

9.2.1　0°岩层数值模拟

1) 不同加载阶段巷道围岩变形与滑移

0°岩层部分不同加载阶段巷道变形与滑移趋势如图 9-8 所示。

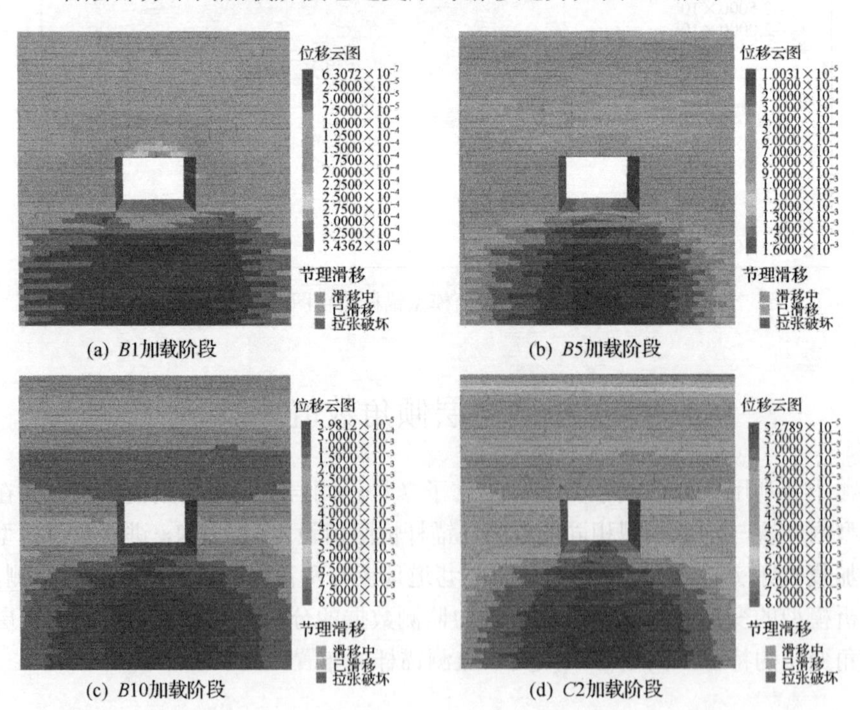

(a) $B1$加载阶段　(b) $B5$加载阶段

(c) $B10$加载阶段　(d) $C2$加载阶段

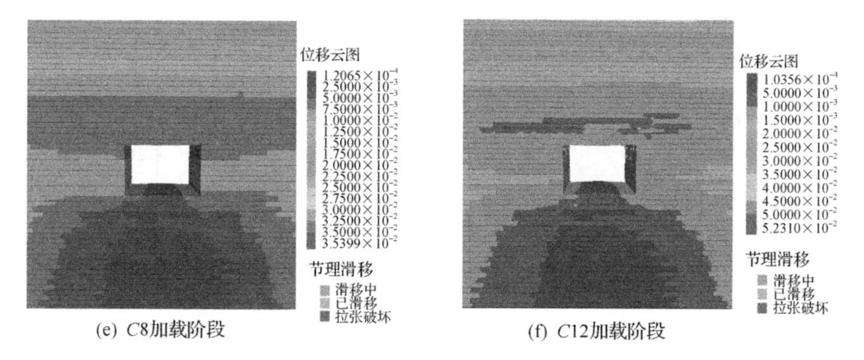

(e) $C8$加载阶段 (f) $C12$加载阶段

图 9-8 0°岩层部分不同加载阶段巷道变形与滑移趋势图(单位：mm)

从图 9-8 中可以看到 0°岩层的变形具有对称性，左帮和右帮变形与滑移基本一致，巷道顶板变形破坏大于两帮，在 C 加载阶段，在水平应力作用下巷道两帮发生向巷道内滑移，造成底鼓与顶板垮落。

2)锚杆轴力与位移监测

由于 0°岩层巷道变形与破坏的对称性，其顶板 R1 与 R2 锚杆轴力监测曲线相同，两帮 S1 与 S2 锚杆轴力监测也相同，因此只分析 R1 与 S1 锚杆轴力监测曲线与其对应位置的位移随加载阶段的变化曲线。

由图 9-9 和图 9-10 可以得到 0°岩层条件下顶板监测锚杆的轴力变化较两帮监测锚杆的轴力变化明显。巷道破坏前，在水平应力作用下巷道两帮及顶、底板沿水平层面发生滑移，对顶板锚杆产生较大的剪切作用，造成顶板锚杆

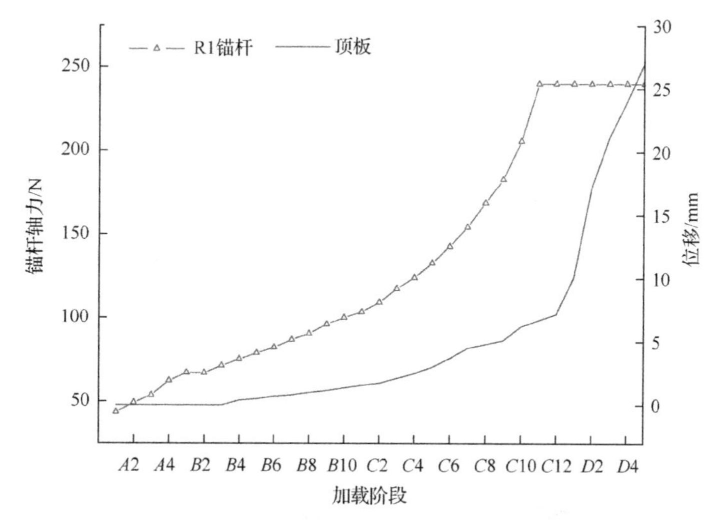

图 9-9 0°岩层 R1 锚杆轴力与顶板位移监测曲线图

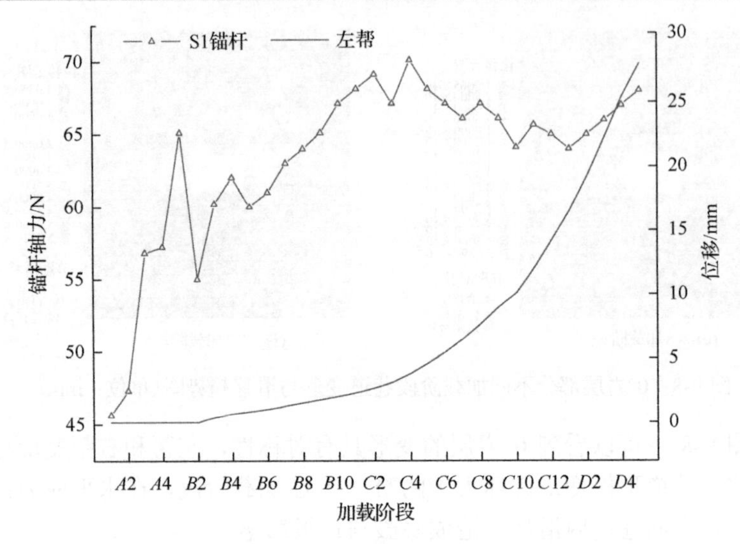

图 9-10　0°岩层 S1 锚杆轴力与左帮位移监测曲线图

轴力大幅上升，此阶段可作为巷道破坏的预警阶段。而巷道两帮监测锚杆在巷道水平应力作用下发生随岩体的整体位移，因此较顶板锚杆其力学变化不明显。

9.2.2　15°岩层数值模拟

1) 不同加载阶段巷道围岩变形与滑移

15°岩层部分不同加载阶段巷道变形与滑移趋势如图 9-11 所示。从图 9-11 中可以看到其变形破坏特征与 0°岩层有明显的不同，其变形受岩层倾角的影响很明显。在 *B* 加载阶段垂直应力增加阶段巷道顶板右侧靠近低帮处顶板岩层有滑移的趋势，在 *C* 加载阶段随着水平应力的不断增加底板靠近高帮部位岩层也出现滑移现象，巷道最先在顶板靠近低帮部位与底板靠近高帮部位发生变形过大及岩层沿层面滑移突出的破坏。

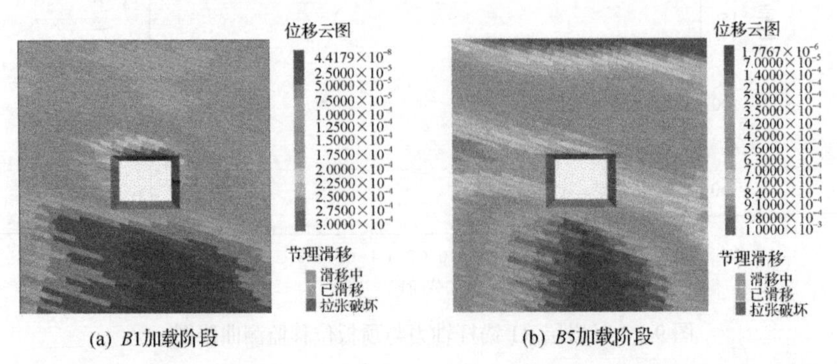

(a) *B*1加载阶段　　(b) *B*5加载阶段

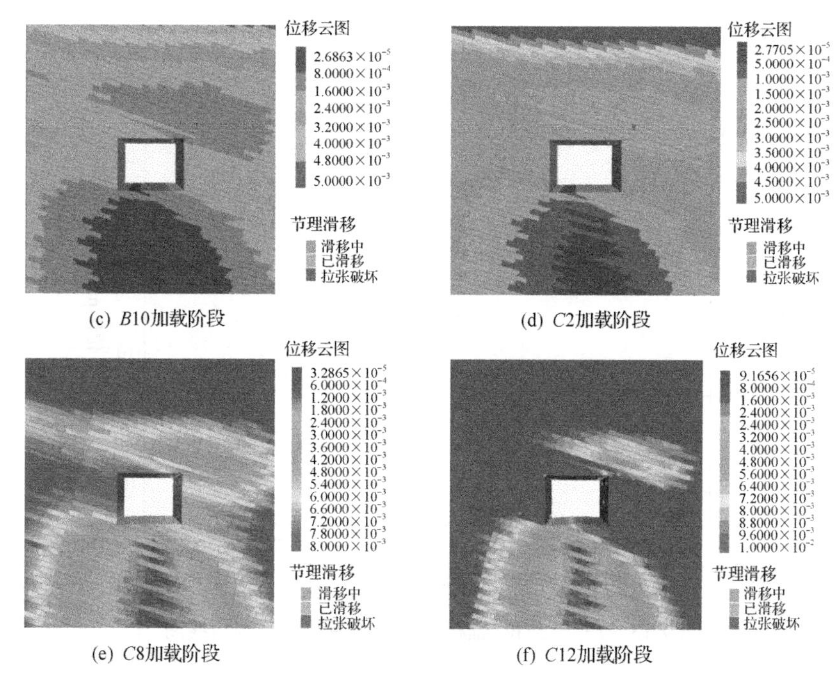

(c) B10加载阶段　(d) C2加载阶段

(e) C8加载阶段　(f) C12加载阶段

图 9-11　15°岩层部分不同加载阶段巷道变形与滑移趋势图(单位：mm)

2)锚杆轴力与位移监测

由图 9-12～图 9-15 可以得到 15°岩层条件下顶板 R2 监测锚杆轴力变化较 R1 及两帮监测锚杆轴力变化明显。巷道破坏前，在水平应力的作用下巷道

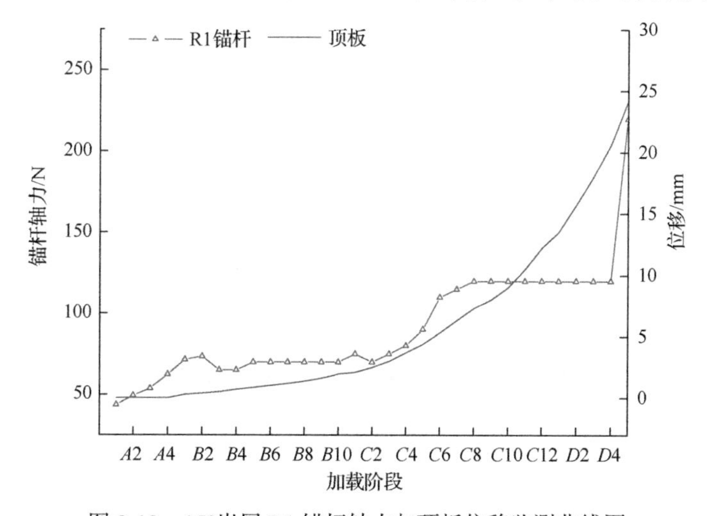

图 9-12　15°岩层 R1 锚杆轴力与顶板位移监测曲线图

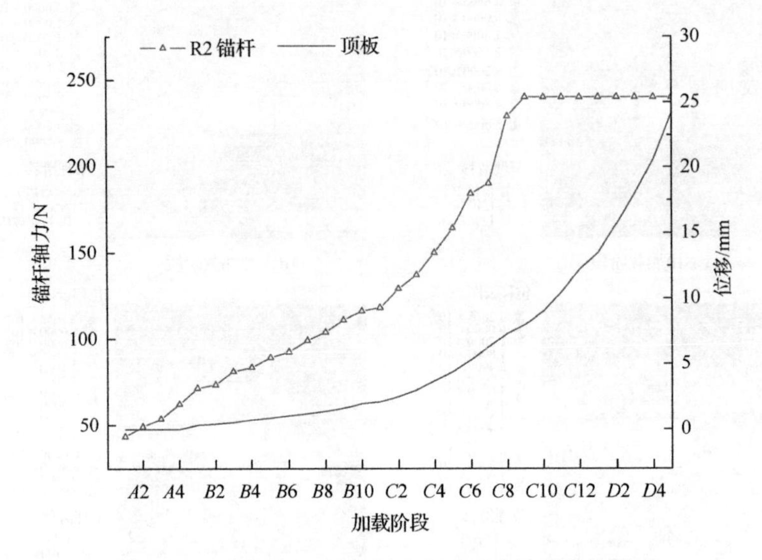

图 9-13　15°岩层 R2 锚杆轴力与顶板位移监测曲线图

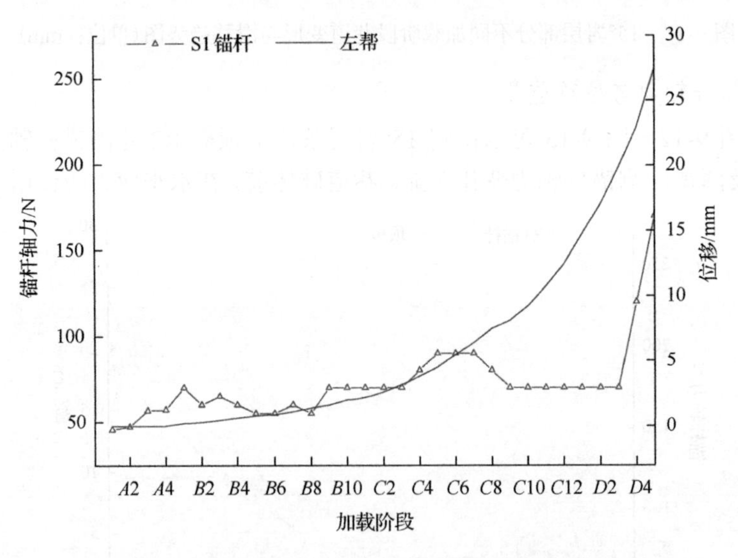

图 9-14　15°岩层 S1 锚杆轴力与左帮位移监测曲线图

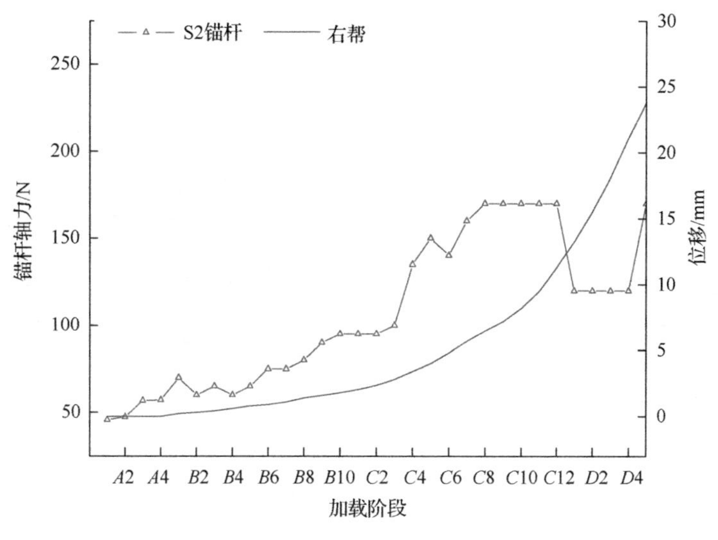

图 9-15　15°岩层 S2 锚杆轴力与右帮位移监测曲线图

顶板靠近低帮处沿层面发生滑移变形，对顶板锚杆产生较大的作用力，造成顶板锚杆轴力大幅上升，此阶段可作为巷道破坏的预警阶段。而巷道两帮监测锚杆与两帮岩层的夹角过小，在两帮发生较大位移后锚杆轴力才大幅上升，因此较顶板 R2 锚杆其力学监测效果不明显。

9.2.3　30°岩层数值模拟

1) 不同加载阶段巷道围岩变形与滑移

30°岩层部分不同加载阶段巷道变形与滑移趋势如图 9-16 所示。从图 9-16 中可以看到其变形受岩层倾角的影响很明显，在加载过程中其岩层变形破坏

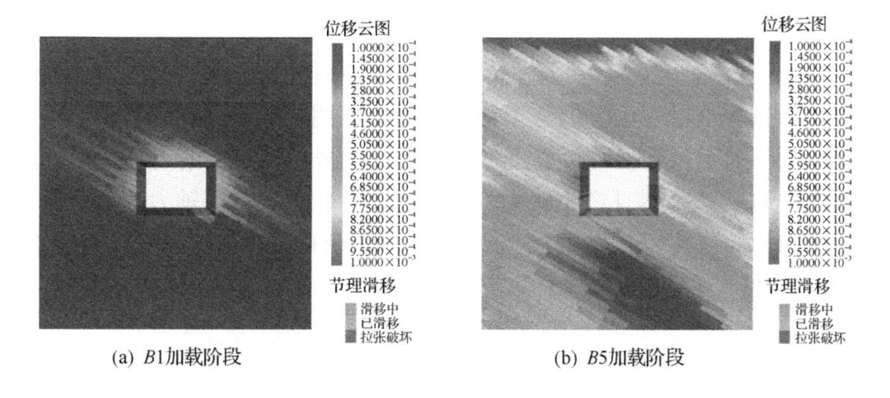

(a) $B1$加载阶段　　(b) $B5$加载阶段

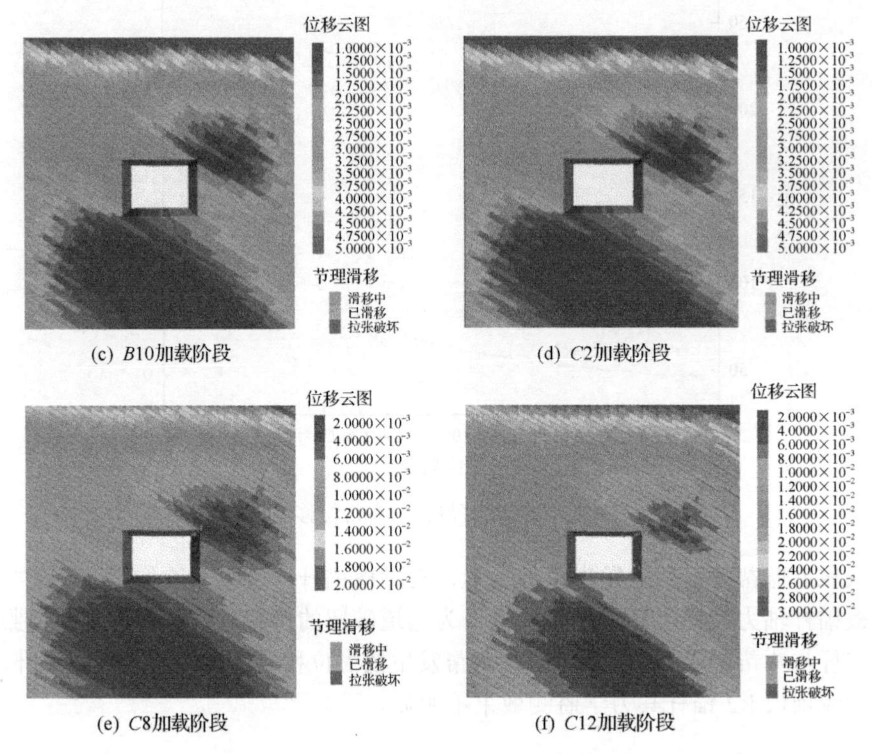

图 9-16　30°岩层部分不同加载阶段巷道变形与滑移趋势图(单位：mm)

晚于 15°岩层。在 *C* 加载阶段随水平应力的不断增加，底板靠近高帮部位及低帮岩层出现滑移现象，巷道最终在顶板靠近低帮部位及巷道低帮部位最先发生大变形与滑移破坏。

2)锚杆轴力与位移监测

由图 9-17～图 9-20 可以得到 30°岩层条件下顶板 R2、低帮 S2 监测锚杆轴力变化较顶板 R1、高帮 S1 监测锚杆轴力变化明显。巷道破坏前，在水平应力的作用下巷道低帮及顶板靠近低帮部位产生岩层沿层面的滑移及变形，对顶板 R2 及低帮 S2 锚杆产生较大的作用力，造成顶板锚杆轴力大幅上升，此阶段可作为巷道破坏的预警阶段。而巷道顶板 R1、高帮 S1 锚杆受力较小，较顶板 R2、低帮 S2 锚杆力学监测效果不明显。

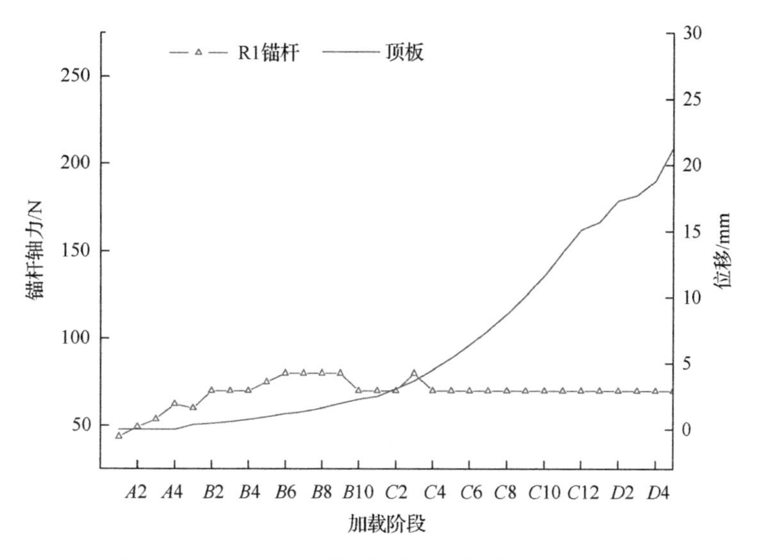

图 9-17　30°岩层 R1 锚杆轴力与顶板位移监测曲线图

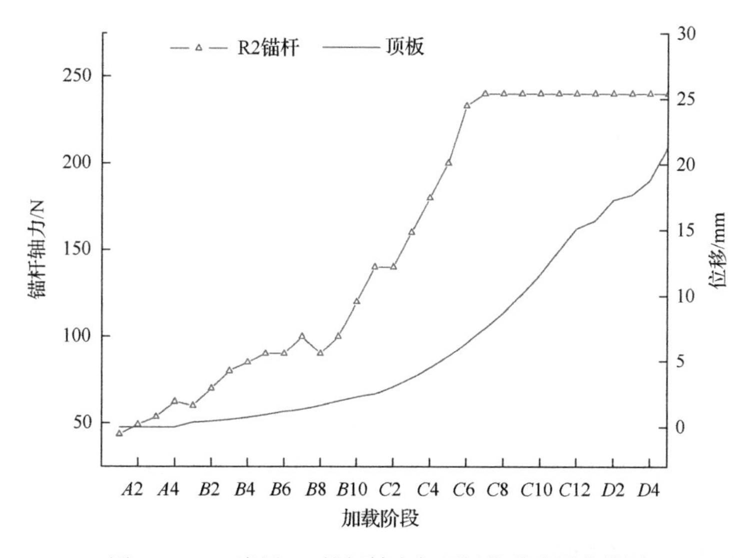

图 9-18　30°岩层 R2 锚杆轴力与顶板位移监测曲线图

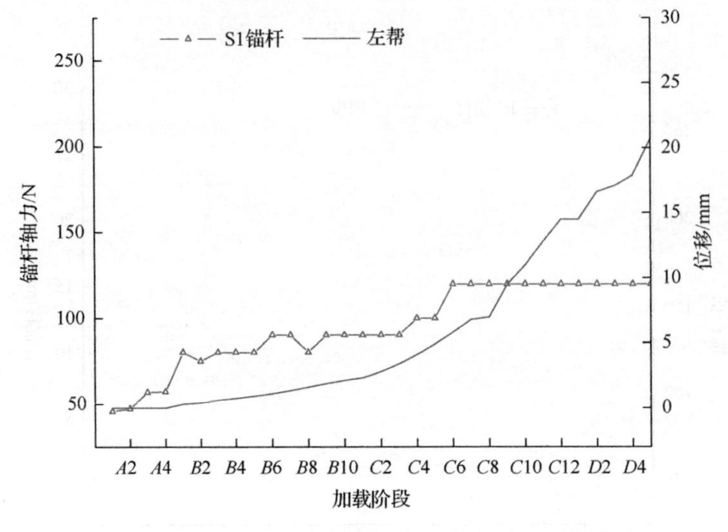

图 9-19　30°岩层 S1 锚杆轴力与左帮位移监测曲线图

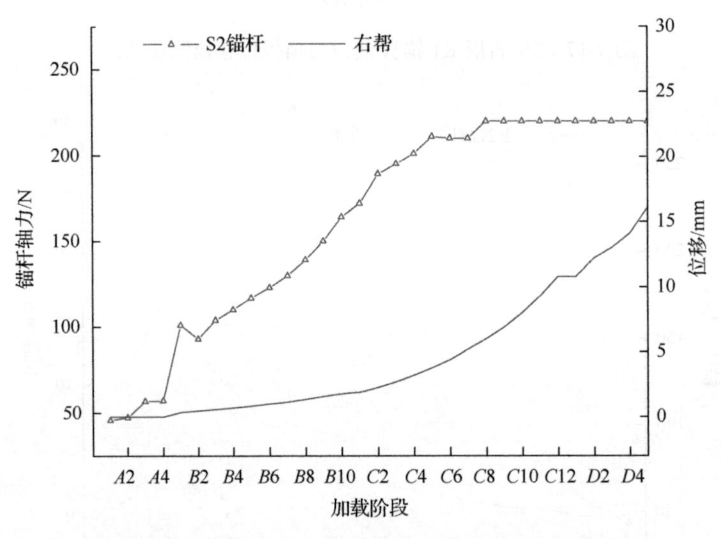

图 9-20　30°岩层 S2 锚杆轴力与右帮位移监测曲线图

9.2.4　45°岩层数值模拟

1) 不同加载阶段巷道围岩变形与滑移

45°岩层部分不同加载阶段巷道变形与滑移趋势如图 9-21 所示。从图 9-21 中可以看到其变形受岩层倾角的影响很明显，在加载过程中其岩层变形破坏

早于 30°岩层，在 B 加载阶段顶板靠近低帮部位出现滑移趋势，C 加载阶段随着水平应力的不断增加高帮部位发生岩层沿层面滑移现象，巷道最终在顶板靠近低帮部位及巷道高帮部位最先发生大变形与破坏。

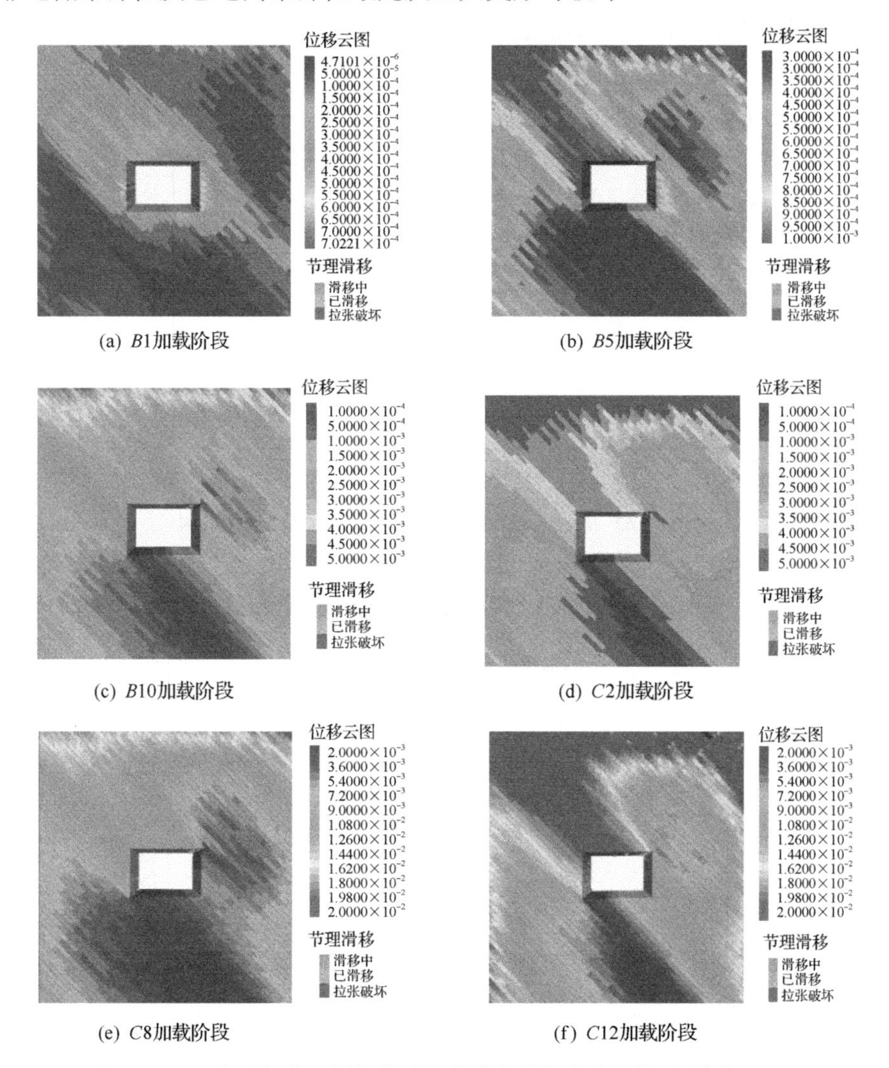

(a) B1加载阶段　　(b) B5加载阶段

(c) B10加载阶段　　(d) C2加载阶段

(e) C8加载阶段　　(f) C12加载阶段

图 9-21　45°岩层部分不同加载阶段巷道变形与滑移趋势图(单位：mm)

2) 锚杆轴力与位移监测

由图 9-22～图 9-25 可以得到 45°岩层条件下顶板 R2、高帮 S1 监测锚杆轴力变化较 R1、S2 监测锚杆轴力变化明显。巷道破坏前，在水平应力的作用下巷道高帮及顶板靠近低帮部位产生岩层沿层面的滑移及变形，对顶板 R2 及高帮 S1 锚杆产生较大的作用力，造成顶板锚杆轴力大幅上升，此阶段可作为巷道破坏的预警阶段。而巷道顶板 R1、低帮 S2 锚杆受力较小，较顶板 R2、高帮 S1 锚杆力学监测效果不明显。

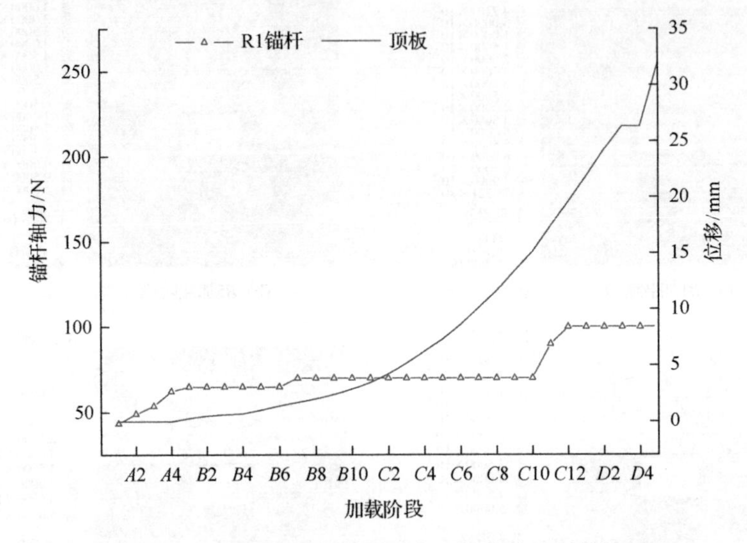

图 9-22　45°岩层 R1 锚杆轴力与顶板位移监测曲线图

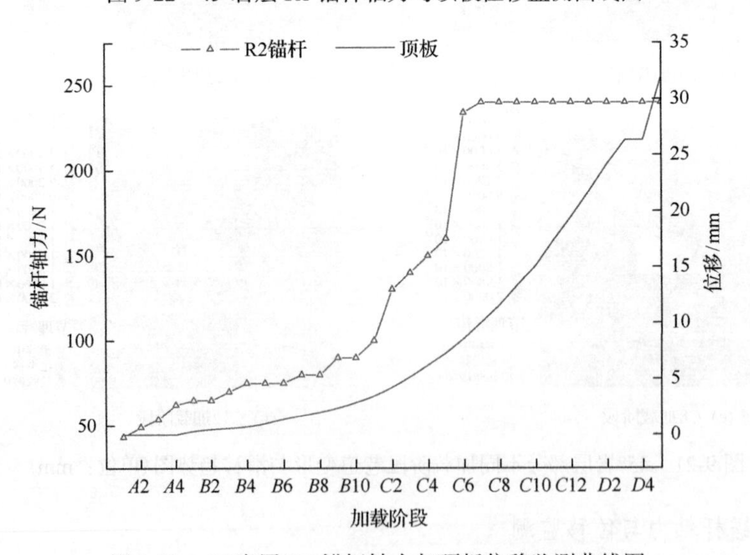

图 9-23　45°岩层 R2 锚杆轴力与顶板位移监测曲线图

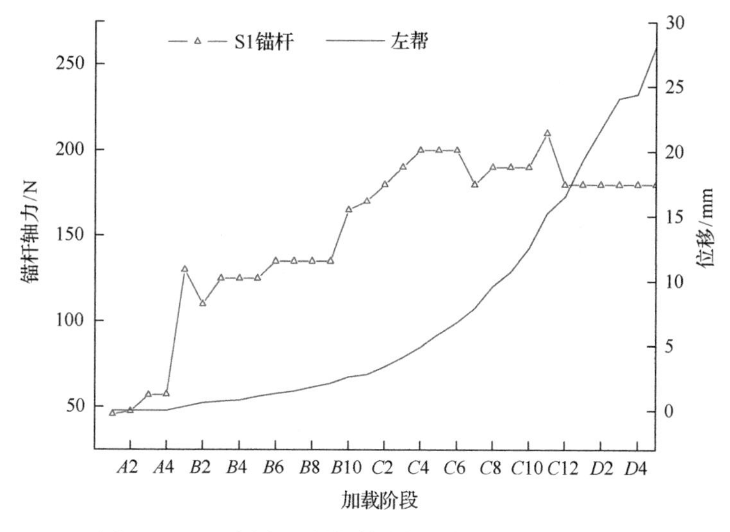

图 9-24　45°岩层 S1 锚杆轴力与左帮位移监测曲线图

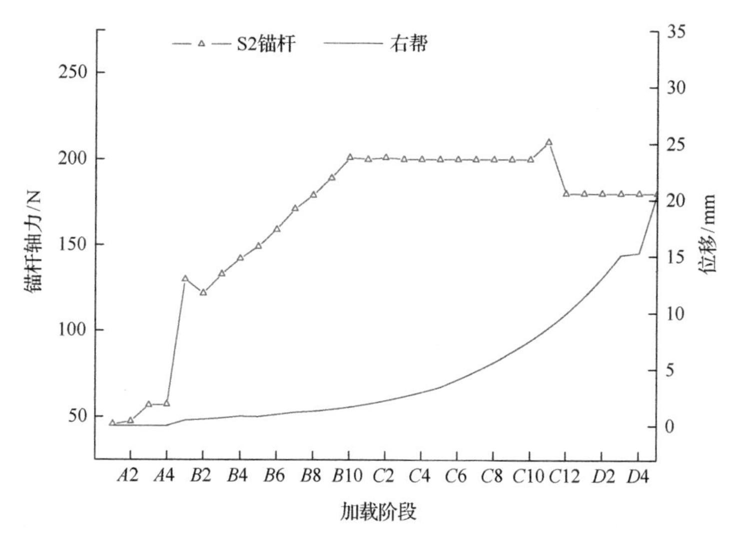

图 9-25　45°岩层 S2 锚杆轴力与右帮位移监测曲线图

9.2.5　60°岩层数值模拟

1) 不同加载阶段巷道围岩变形与滑移

60°岩层部分不同加载阶段巷道变形与滑移趋势如图 9-26 所示。从图 9-26 中可以看到其变形受岩层倾角的影响很明显，在加载过程中其岩层变形破坏

晚于 45°岩层。在 C 加载阶段顶板靠近低帮部位与高帮靠近底板部位出现滑移趋势，巷道最终在顶板靠近低帮部位及高帮靠近底板部位最先发生大变形与破坏。

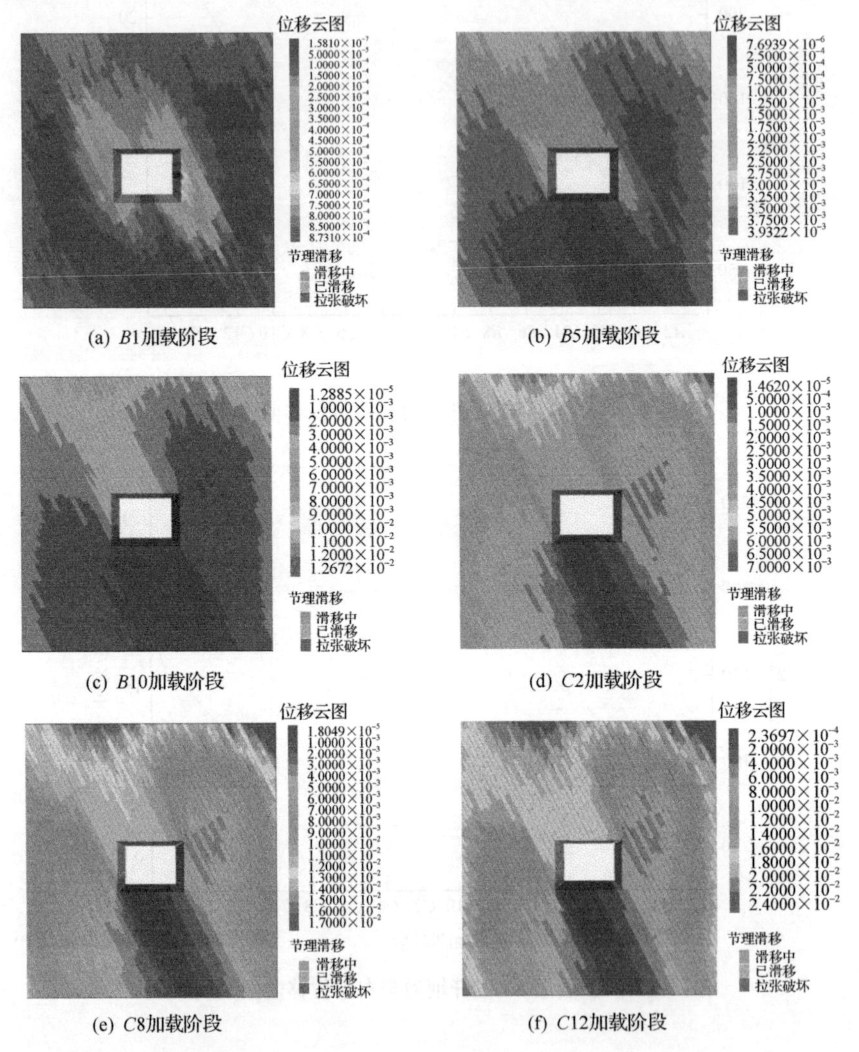

(a) B1加载阶段　(b) B5加载阶段

(c) B10加载阶段　(d) C2加载阶段

(e) C8加载阶段　(f) C12加载阶段

图 9-26　60°岩层部分不同加载阶段巷道变形与滑移趋势图(单位：mm)

2)锚杆轴力与位移监测

由图 9-27～图 9-30 可以得到 60°岩层条件下顶板 R2、高帮 S1 监测锚杆的轴力变化较 R1、S2 监测锚杆的轴力变化明显。巷道破坏前，在水平应力的作用下顶板靠近低帮部位与高帮靠近底板部位产生岩层沿层面的滑移及变形，对顶板 R2 及高帮 S1 锚杆产生较大的作用力，造成顶板锚杆轴力大幅上升，此阶段可作为巷道破坏的预警阶段。而巷道顶板 R1、低帮 S2 锚杆受力较小，较顶板 R2、高帮 S1 锚杆力学监测效果不明显。

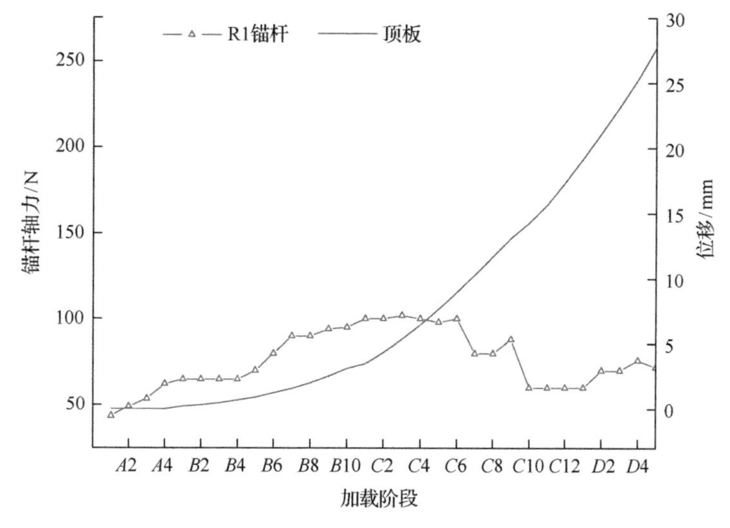

图 9-27　60°岩层 R1 锚杆轴力与顶板位移监测曲线图

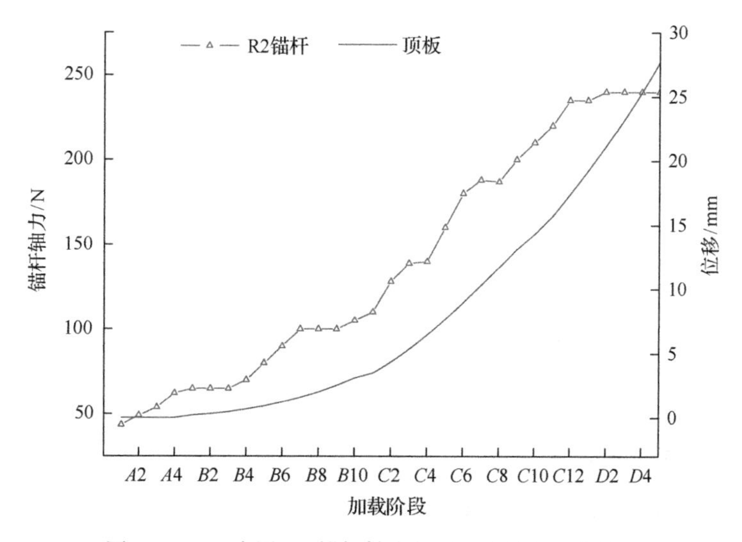

图 9-28　60°岩层 R2 锚杆轴力与顶板位移监测曲线图

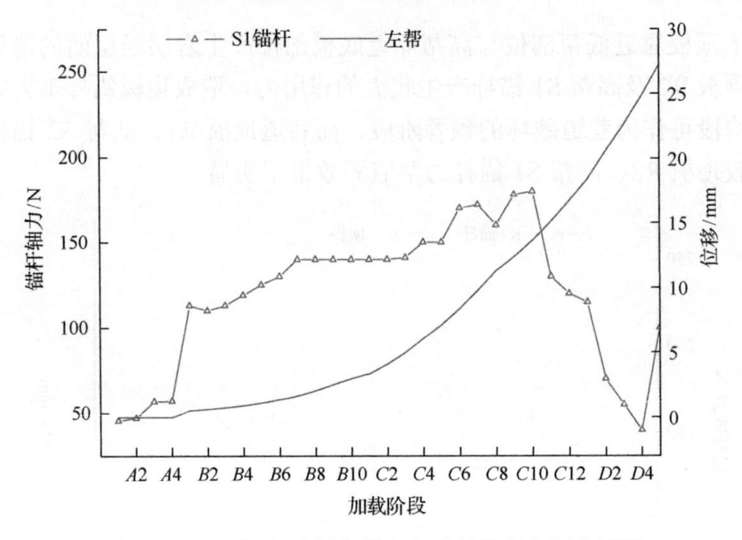

图 9-29　60°岩层 S1 锚杆轴力与左帮位移监测曲线图

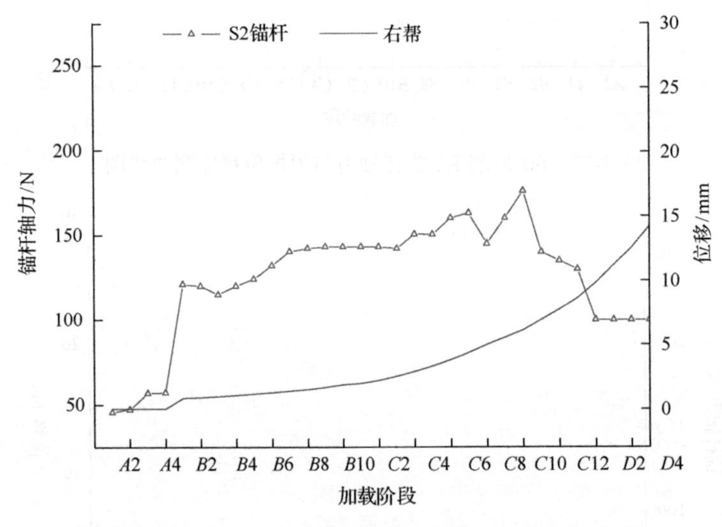

图 9-30　60°岩层 S2 锚杆轴力与右帮位移监测曲线图

9.2.6　75°岩层数值模拟

1)不同加载阶段巷道围岩变形与滑移

75°岩层部分不同加载阶段巷道变形与滑移趋势如图 9-31 所示。从图 9-31 中可以看到其变形受岩层倾角的影响很明显，在加载过程中其岩层变形破坏

晚于 60°岩层。在 C 加载阶段顶板靠近低帮部位与高帮靠近底板部位出现滑移趋势，巷道最终在顶板靠近低帮部位最先发生大变形与破坏。

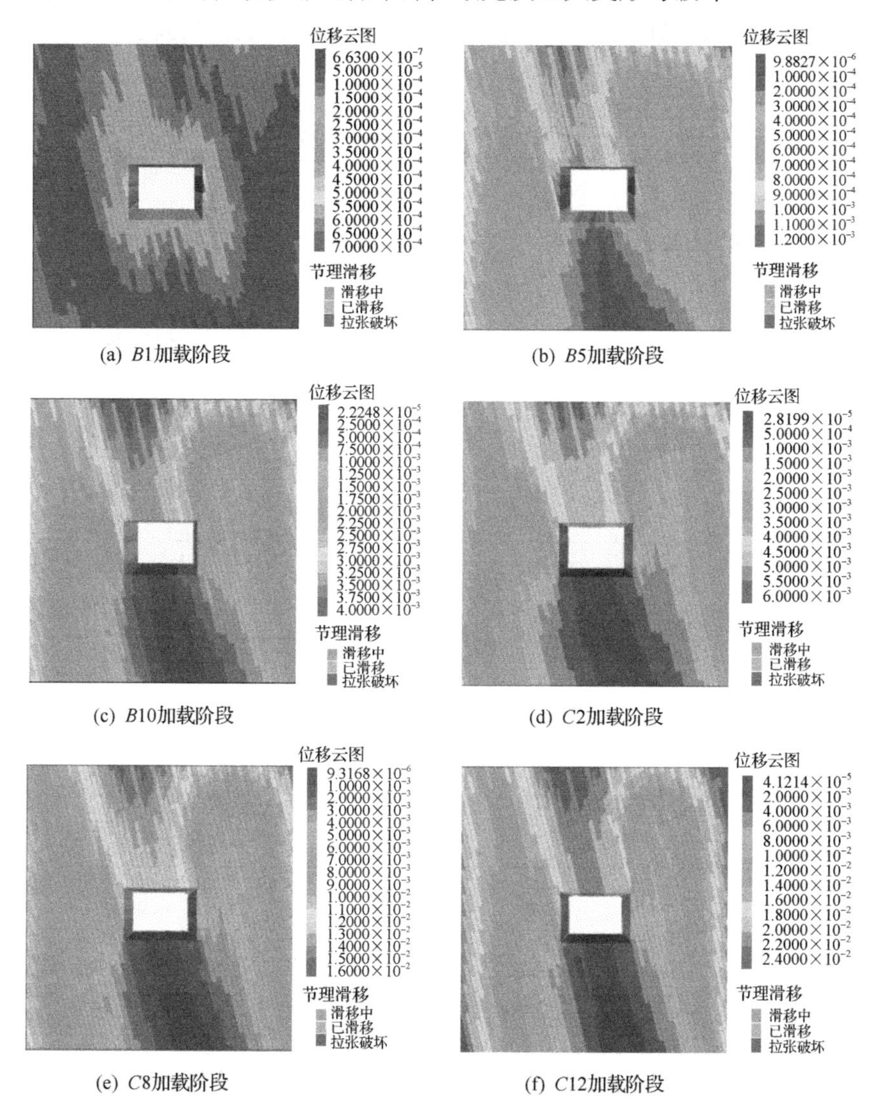

图 9-31 75°岩层部分不同加载阶段巷道变形与滑移趋势图(单位：mm)

2) 锚杆轴力与位移监测

由图 9-32～图 9-35 可以得到 75°岩层条件下顶板 R2 监测锚杆的轴力变化较 R1、S1、S2 监测锚杆轴力变化明显。巷道破坏前，在水平应力的作用下巷道顶板靠近低帮部位产生岩层沿层面的滑移及变形，对顶板 R2 锚杆产生较大的作用力，造成顶板锚杆轴力大幅上升，此阶段可作为巷道破坏的预警阶段。而巷道顶板 R1 锚杆、高帮 S1 锚杆、低帮 S2 锚杆受力较小，较顶板 R2 锚杆力学监测效果不明显。

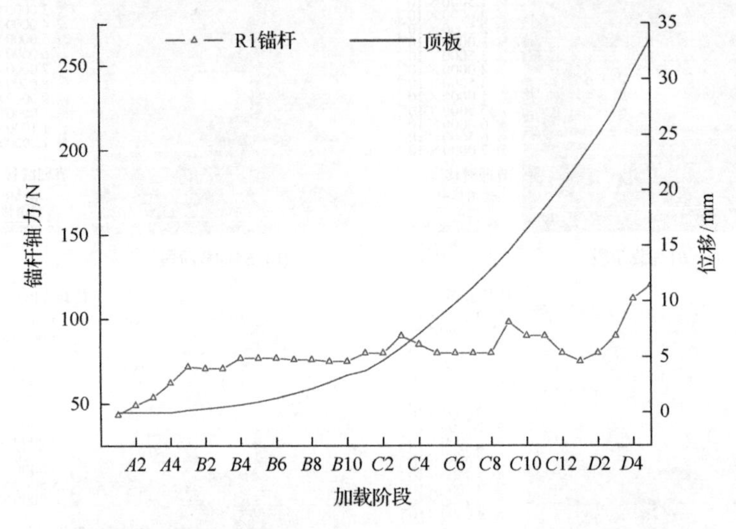

图 9-32　75°岩层 R1 锚杆轴力与顶板位移监测曲线图

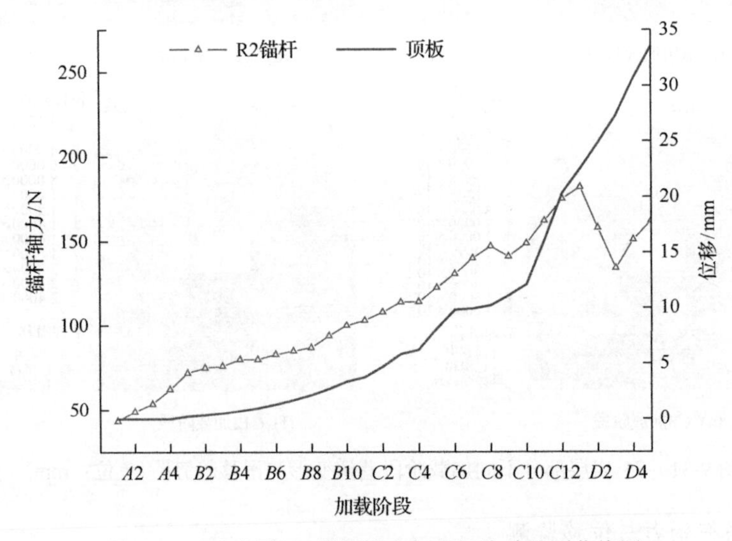

图 9-33　75°岩层 R2 锚杆轴力与顶板位移监测曲线图

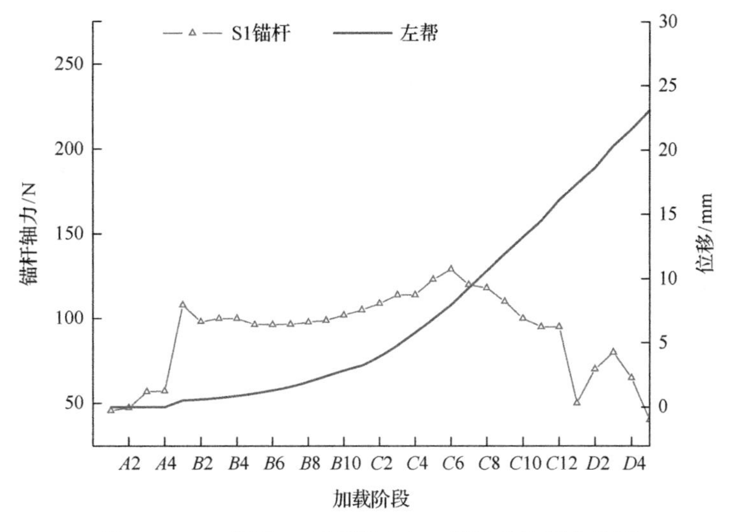

图 9-34　75°岩层 S1 锚杆轴力与左帮位移监测曲线图

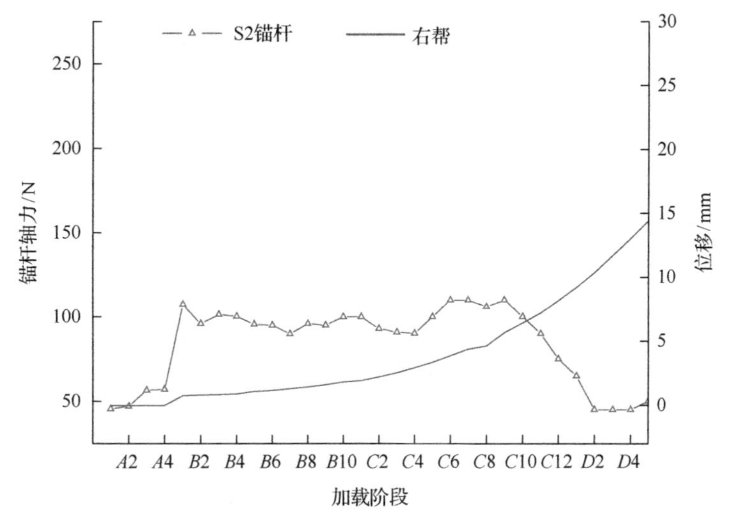

图 9-35　75°岩层 S2 锚杆轴力与右帮位移监测曲线图

9.2.7　90°岩层数值模拟

1) 不同加载阶段巷道围岩变形与滑移

90°岩层部分不同加载阶段巷道变形与滑移趋势如图 9-36 所示。从图 9-36 中可以看到其变形受岩层倾角的影响很明显，在 *B* 加载阶段垂直应力逐渐增加，巷道顶板向巷道内发生变形，在 C 加载阶段巷道顶板向巷道内变形进一步增大，同时在与岩层垂直方向出现垂直岩层的块体破裂面滑移现象。巷道最终在顶板部位最先发生大变形导致巷道破坏。

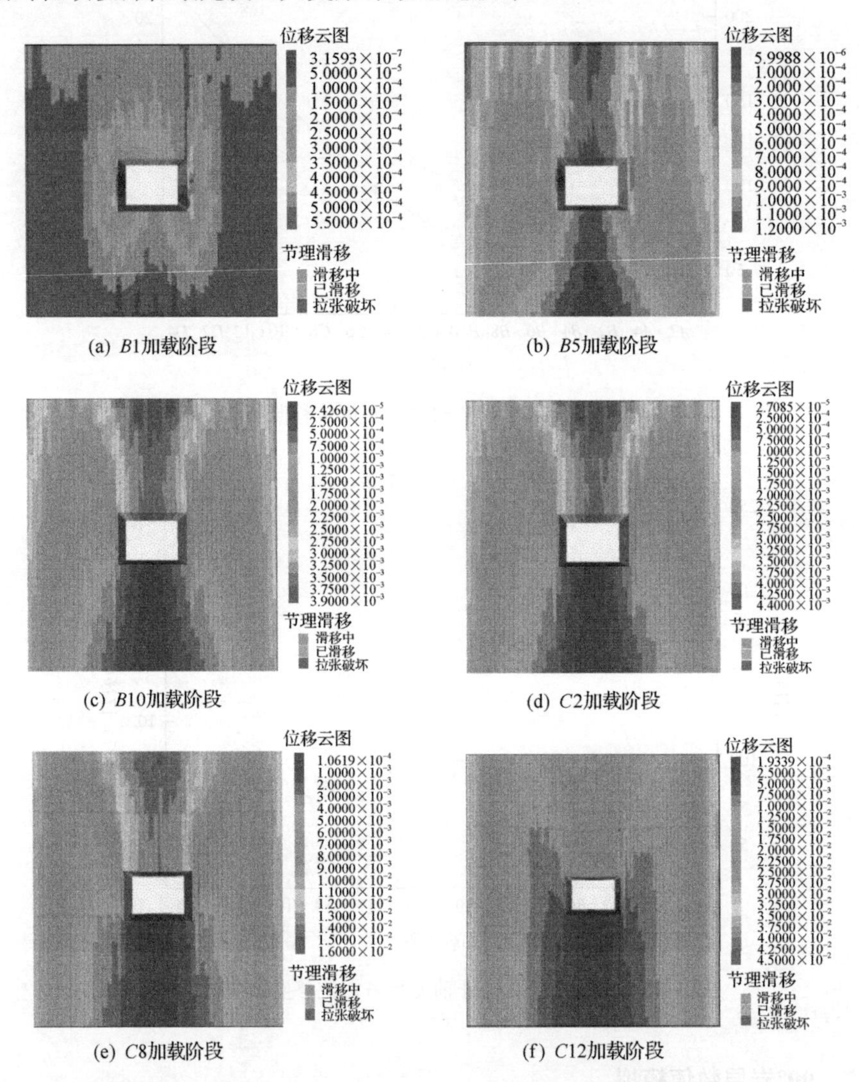

(a) $B1$加载阶段　　(b) $B5$加载阶段

(c) $B10$加载阶段　　(d) $C2$加载阶段

(e) $C8$加载阶段　　(f) $C12$加载阶段

图 9-36　90°岩层部分不同加载阶段巷道变形与滑移趋势图(单位：mm)

2)锚杆轴力与位移监测

由图 9-37～图 9-40 可以得到 90°岩层条件下顶板 R1、R2，两帮 S1、S2 监测锚杆轴力变化均较小，这是由于在 90°岩层条件下巷道顶板岩体沿巷道两帮发生了整体性的变形与位移，顶板监测锚杆也随之产生了位移，难以起到监测的效果。两帮水平监测锚杆与岩层垂直，两帮岩层在水平应力作用下难以沿岩层发生滑移与变形，因此两帮监测锚杆监测效果也不明显。

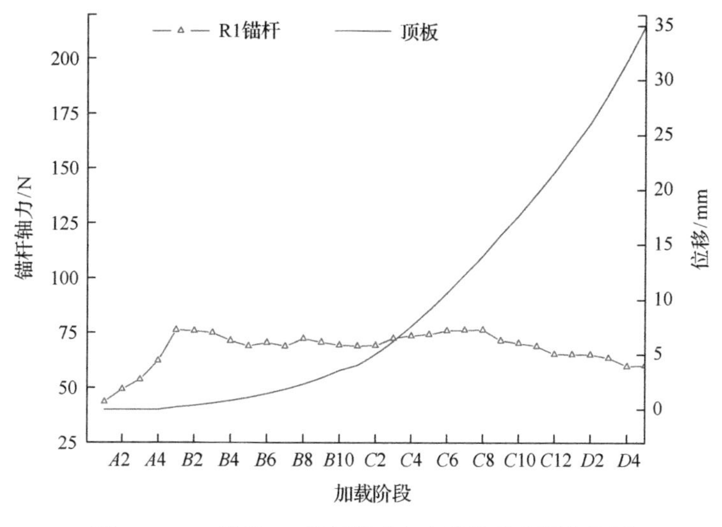

图 9-37　90°岩层 R1 锚杆轴力与左帮位移监测曲线图

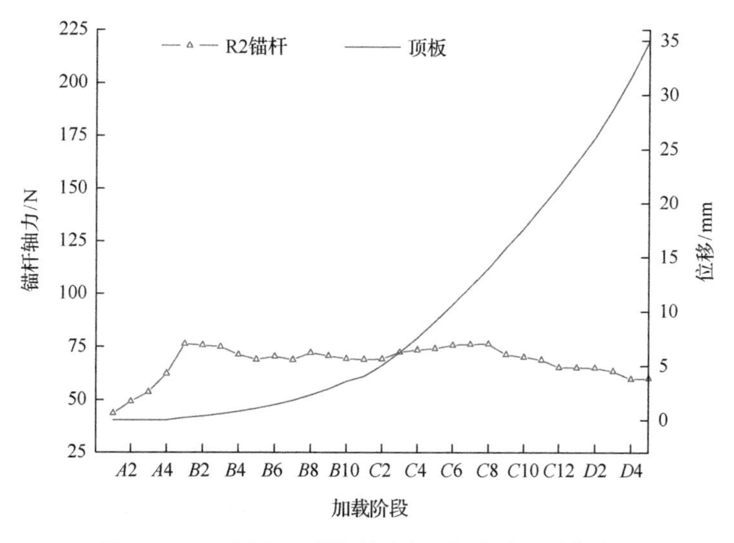

图 9-38　90°岩层 R2 锚杆轴力与顶板位移监测曲线图

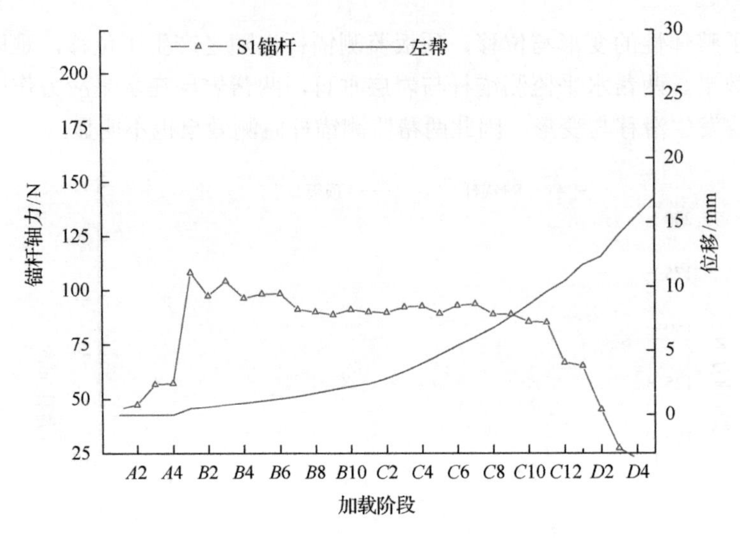

图 9-39　90°岩层 S1 锚杆轴力与左帮位移监测曲线图

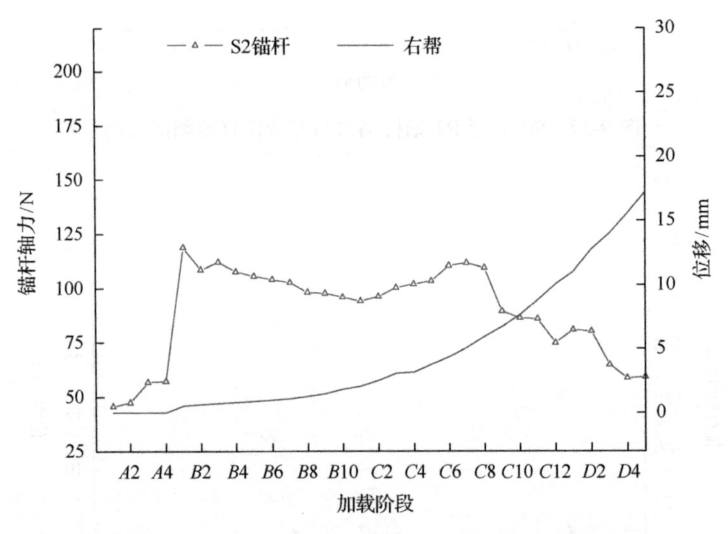

图 9-40　90°岩层 S2 锚杆轴力与右帮位移监测曲线图

9.3　岩层倾角变化对监测结果的影响

在物理模拟实验条件的加载路径下，通过 9.2 节数值模拟结果可得深部层状岩体的变形破坏深受岩层倾角的影响。

(1) 0°岩层巷道变形破坏为底鼓与顶板垮落，相应的顶板监测锚杆的监测效果优于两帮监测锚杆。

(2) 15°岩层巷道最先在顶板靠近低帮部位与底板靠近高帮部位发生变形过大及岩层沿层面滑移突出的破坏，其顶板 R2 监测锚杆轴力变化较 R1 及两帮监测锚杆轴力变化明显，在水平应力的作用下巷道顶板靠近低帮部位沿层面发生滑移与变形，对顶板锚杆产生较大的作用力，造成顶板锚杆轴力大幅上升，此阶段可作为巷道破坏的预警阶段。

(3) 30°岩层巷道水平应力不断增加，底板靠近高帮部位及低帮岩层出现滑移现象，巷道最终在顶板靠近低帮部位及低帮部位最先发生大变形与破坏，顶板 R2、低帮 S2 监测锚杆轴力变化较 R1、S1 监测锚杆轴力变化明显，巷道破坏前，在水平应力的作用下巷道低帮及顶板靠近低帮部位产生岩层沿层面的滑移及变形，对顶板 R2 及低帮 S2 锚杆产生较大的作用力，造成顶板锚杆轴力大幅上升，此阶段可作为巷道破坏的预警阶段。

(4) 45°岩层巷道在垂直加载增加阶段顶板靠近低帮部位出现滑移趋势，水平应力不断增加阶段高帮部位发生岩层沿层面滑移现象，巷道最终在顶板靠近低帮部位及巷道高帮部位最先发生大变形与破坏。顶板 R2、高帮 S1 监测锚杆轴力变化较 R1、S2 监测锚杆轴力变化明显。巷道破坏前，在水平应力的作用下巷道高帮及顶板靠近低帮部位产生岩层沿层面的滑移及变形，对顶板 R2 及高帮 S1 锚杆产生较大的作用力，造成顶板锚杆轴力大幅上升，此阶段可作为巷道破坏的预警阶段。

(5) 60°岩层巷道在 C 加载阶段顶板靠近低帮部位及高帮靠近底板部位出现滑移趋势，巷道最终在顶板靠近低帮部位及高帮靠近底板部位最先发生大变形与破坏。顶板 R2、高帮 S1 监测锚杆轴力变化较 R1、S2 监测锚杆轴力变化明显。巷道破坏前，在水平应力的作用下巷道高帮及顶板靠近低帮部位产生岩层沿层面的滑移及变形，对顶板 R2 及高帮 S1 锚杆产生较大的作用力，造成顶板锚杆轴力大幅上升，此阶段可作为巷道破坏的预警阶段。

(6) 75°岩层巷道在 C 加载阶段顶板靠近低帮部位与高帮靠近底板部位出现滑移趋势，巷道最终在顶板靠近低帮部位最先发生大变形与破坏。顶板 R2 监测锚杆轴力变化较 R1、S1、S2 监测锚杆轴力变化明显。巷道破坏前，在水平应力的作用下巷道顶板靠近低帮部位产生岩层沿层面的滑移及变形，对顶板 R2 锚杆产生较大的作用力，造成顶板锚杆轴力大幅上升，此阶段可作为巷道破坏的预警阶段。

(7) 90°岩层巷道最终在顶板部位最先发生大变形导致巷道破坏。顶板 R1、

R2，两帮 S1、S2 监测锚杆轴力变化均较小，监测锚杆的布置需进一步完善，才能起到良好的监测预警效果。

处于深部层状岩体的巷道，其在加载变形破坏过程中由于岩层倾角的不同其变形破坏模式也有很大的不同，相应地，本书设计的监测锚杆布置起到的监测效果也有很大差别。因此对于深部层状岩体，监测方案要依据岩层倾角的不同采取合适的监测锚杆布置方案，才能起到最优的监测效果。

9.4 小结与讨论

本章介绍了离散元法及 3DEC 数值模拟软件，进行了与物理模型相同的几何条件、边界条件等的数值模型的构建，探讨了 3DEC 软件内置锚杆的计算原理与受力变化特征，采取锚杆 GR 进行恒阻大变形监测锚杆的模拟。进行了 7 种不同倾角岩层巷道的数值模拟加载实验，得到了其变形破坏特征及监测锚杆的监测数据，以及不同倾角下模型巷道变形破坏过程中监测锚杆的力学响应。在数值模拟结果的基础上，分析总结了岩层倾角变化对监测预警结果的影响。

本章进行 0°、15°、30°、45°、60°、75°、90°倾角岩层数值模拟实验，并在数值模型中布置监测锚杆，经锚杆监测数据分析得出：水平岩层巷道顶板锚杆监测效果优于两帮锚杆，15°倾角岩层巷道顶板靠近低帮部位监测效果较好，30°倾角岩层巷道顶板靠近低帮部位及低帮部位监测效果较好，45°倾角岩层巷道顶板靠近低帮部位与高帮部位监测效果较好，60°倾角岩层巷道顶板靠近低帮部位与高帮部位监测效果较好，75°倾角岩层巷道顶板靠近低帮部位监测效果较好。

通过物理模拟实验与数值模拟实验，利用研发的小型监测锚杆进行深部层状巷道围岩稳定性监测预警科学问题的研究，得到的结论为基于恒阻监测锚杆的巷道围岩稳定性监测预警系统的研发及工程应用提供了一定的参考与依据。

主要参考文献

蔡美峰, 何满潮, 刘东燕. 2002. 岩石力学与工程[M]. 北京: 科学出版社: 491.

陈城. 2012. 基于围岩变形监测的深部软岩巷道围岩稳定性评价系统研究[J]. 煤矿开采, 17(5): 48-51.

陈国祥, 窦林名, 曹安业, 等. 2008. 电磁辐射法评定冲击矿压危险等级及应用[J]. 煤炭学报, 33(8): 866-870.

崔广心. 1990. 相似理论与模型实验[M]. 徐州: 中国矿业大学出版社, 23-28.

邓辉, 姚直书, 徐辉东. 2012. 西部矿区遇水软化软岩巷道锚杆锚索受力监测及分析[J]. 煤炭工程, 1(2): 38-40.

窦林名, 何学秋. 2007. 煤矿冲击矿压的分级预测研究[J]. 中国矿业大学学报, 36(6): 717-722.

郭相参, 张爱英, 李密. 2009. 顶板离层仪在煤矿巷道顶板稳定性监测中的应用[J]. 建井技术, 30(3): 23-24.

何满潮, 郭志飚. 2014. 恒阻大变形锚杆力学特性及其工程应用[J]. 岩石力学与工程学报, 33(7): 1297-1308.

黄薇, 陈进. 1997. 结构实验内部位移计的研制及位移观测自动化[J]. 人民长江, 28(6): 19-20.

蒋邦友, 顾士坦, 李男男, 等. 2013. 深井回采巷道围岩松动圈监测分析及支护方案的优化[J]. 煤炭工程, (2): 65-68.

康红普, 姜鹏飞, 蔡嘉芳. 2014. 锚杆支护应力场测试与分析[J]. 煤炭学报, 39(8): 1521-1529.

李剑锋, 程建龙, 冯朝朝. 2014. 深部软岩巷道围岩分区破裂模拟实验[J]. 辽宁工程技术大学学报(自然科学版), 33(3): 298-305.

李术才, 王德超, 王琦, 等. 2013. 深部厚顶煤巷道大型地质力学模型试验系统研制与应用[J]. 煤炭学报, 38(9): 1522-1530.

连清望, 宋选民, 顾铁凤. 2011. 矿井顶板失稳及来压预警的数学模型及应用[J]. 采矿与安全工程学报, 28(4): 517-523.

林宗元. 2006. 岩土工程测试监测手册[M]. 北京: 中国建筑工业出版社, 30-61.

刘传孝, 杨永杰, 蒋金泉. 2000. 煤矿地质异常及采动效应雷达探测研究[J]. 山东科技大学学报(自然科学版), 191(2): 109-112.

刘辉, 秦涛, 张凯云, 等. 2014. 新兴矿薄煤层开采冲击地压监测预测技术研究[J]. 煤炭工程, 46(4): 52-54.

刘训臣, 安里千, 刘绍兴, 等. 2009. 深部巷道位移实时监测系统应用[J]. 煤矿安全, 40(4): 37-39.

毛灵涛, 安里千, 刘庆, 等. 2007. 光栅位移实时监测系统应用研究[J]. 煤炭科学技术, 35(7): 101-103.

潘兵, 吴大方, 夏勇. 2010. 数字图像相关方法中散斑图的质量评价研究[J]. 实验力学, 25(2): 120-129.

潘一山, 张梦涛, 李明, 等. 1997. 地下巷道开挖方法相似实验研究. 岩土工程学报, 19(4): 49-56.

孙晓明, 王冬, 王聪, 等. 2014. 恒阻大变形锚杆拉伸力学性能及其应用研究[J]. 岩石力学与工程学报, 33(9): 1765-1771.

谭云亮, 何孔翔, 马植胜, 等. 2006. 坚硬顶板冒落的离层遥测预报系统研究[J]. 岩石力学与工程学报, 25(8): 1705-1709.

王恩元, 何学秋. 2000. 煤岩变形破裂电磁辐射的实验研究[J]. 地球物理学报, 43(1): 131-137.

王恩元, 何学秋, 窦林明, 等. 2005. 煤矿采掘过程中煤岩体电磁辐射特征及应用[J]. 地球物理学报, 48(1): 216-221.

王国立, 贾后省, 鱼琪伟, 等. 2016. 基于锚杆(索)支护力监测的巷道冒顶隐患预警技术[J]. 煤炭科学技术, 44(7): 153-157.

王金安, 王树仁, 冯锦艳. 2010. 岩土工程数值计算方法实用教程[M]. 北京: 科学出版社, 258.

夏才初, 李永盛. 1999. 地下工程测试理论与监测技术[M]. 上海: 同济大学出版社, 234-239.

许敏. 2014. 高应力大断面软岩巷道破坏机理物理模拟研究[J]. 煤炭工程, 46(5): 42-47.

杨承祥, 罗周全, 唐礼忠. 2007. 基于微震监测技术的深井开采地压活动规律研究[J]. 岩石力学与工程学报, 26(4): 818-824.

杨纯东, 巩思园, 马小平, 等. 2014. 基于微震法的煤矿冲击危险性监测研究[J]. 采矿与安全工程学报, 31(6): 863-868.

杨志国, 于润沧, 郭然, 等. 2008. 微震监测技术在深井矿山中的应用[J]. 岩石力学与工程学报, 27(5): 1066-1073.

殷大发. 2013. 初掘巷道围岩稳定监测系统研制及应用[J]. 煤矿开采, 18(5): 66-69.

郑文翔, 胡耀青. 2014. 深部巷道围岩变形相似模拟研究[J]. 煤矿开采, 19(5): 65-69.

祝云华. 2013. 地质超前预报与探测技术在巷道施工中的应用[J]. 煤矿开采, 18(6): 26-29.

Álvarez-Fernández M I, González-Nicieza C, Álvarez-Vigil A E, et al. 2009. Numerical modelling and analysis of the influence of local variation in the thickness of a coal seam on surrounding stresses: application to a practical case[J]. International Journal of Coal Geology, 79(4): 157-166.

Anders A. 2005. Laboratory testing of a new type of energy absorbing rock bolt[J]. Tunnelling and Underground Space Technology, 20(4): 291-330.

Chaette F, Plouffe M. 2007. Roofex-results of laboratory testing of a new concept of yieldable tendon[J]. Deep Mining, (7): 395-404.

Lawrence M. 2009. A method for the design of longwall gateroad roof support[J]. International Journal of Rock Mechanics & Mining Sciences, 46(4): 789-795.

Li C C. 2010. A new energy absorbing bolt for rock support in high stress rock masses[J]. International Journal of Rock Mechanics and Mining Sciences, 47(3): 396-404.

Mccreath D R, Kaiser P K. 1995. Current support practices in burst-prone ground, mining research directorate[R]. Sudbury: Laurentian University.

Shabanimashcooml M C, Li C C. 2013. A numerical study of stress changes in barrier pillars and a border area in a longwall coal mine[J]. International Journal of Coal Geology, 106(106): 39-47.